바다를 보는 현미경, 해양과학기지

**과학으로 보는 바다 05**

# 바다를 보는 현미경, 해양과학기지

**초판 1쇄 발행일** | 2014년 12월 29일

**지은이** | 심재설 · 정진용
**펴낸이** | 이원중

**펴낸곳** | 지성사 **출판등록일** | 1993년 12월 9일 등록번호 제10 – 916호
**주소** | (121–899) 서울시 은평구 진흥로 1길 4(역촌동 43–12), 2층
**전화** | (02) 335 – 5494 팩스 (02) 335 – 5496
**홈페이지** | 지성사.한국 / www.jisungsa.co.kr **이메일** | jisungsa@hanmail.net
**편집주간** | 경현주 **편집팀** | 안선영 **디자인팀** | 이항란, 장현지



ISBN 978-89-7889-293-3 (04400)
978-89-7889-269-8 (세트)
잘못된 책은 바꾸어드립니다. 책값은 뒤표지에 있습니다.

〈과학으로 보는 바다〉 시리즈는
한국해양과학기술원의 주요 연구 사업에 대한 과학기술적 성과와 연구 과정을 담은 생생한 사진을
청소년은 물론 일반 독자들과 나누기 위하여 한국해양과학기술원에서 기획한 과학 교양도서입니다.
한국해양과학기술원 홈페이지 www.kiost.ac

이 도서의 국립중앙도서관 출판시도서목록(CIP)은 서지정보유통지원시스템 홈페이지(http://seoji.nl.go.kr)와
국가자료공동목록시스템(http://www.nl.go.kr/kolisnet)에서 이용하실 수 있습니다. (CIP제어번호 : CIP2014036780)

과학으로 보는 바다
05

# 바다를 보는 현미경, 해양과학기지

심재설 · 정진용 지음

지성사

# 책을 펴내며

외국을 여행하다 보면 종종 기차, 자동차 또는 도보로 각국의 국경을 넘기도 한다. 하지만 우리나라는 북쪽으로 이어진 길이 막혀 있어 기차 등 육로로 국경을 넘는 것은 경험할 수 없다. 그래서 우리는 섬나라가 아닌데도 외국으로 나가려면 기차나 자동차가 아닌 배와 비행기를 이용해야 한다. 같은 이유로 우리나라 경제를 움직이는 수출입 화물의 대부분도 바다를 거쳐 여러 나라로 운송된다.

바다는 우리에게 길을 열어 줄 뿐만 아니라, 우리 식탁에 오르는 많은 음식들을 제공한다. 또한 바다는 일상에 지친 우리에게 쉼터가 되기도 하고, 여가 활동을 즐기며 삶을 풍요롭게 해 주는 공간이자 모험과 도전의 장이기도 하다. 이처럼 바다는 우리에게 세계와 소통하는 길, 몸에 좋은 먹을거리와 삶의 질을 높이는 데 필요한 많은 것들을 제공한다. 특히 한반도에 살고 있는 우리에게 바다는 말할 수 없이 소중한 삶의 터전이다. 그렇다면 이러한 바다에 대해 우리는 얼마나 알고 있을까?

눈부신 과학의 발달로 인류는 이미 50년 전에 달 탐험에 성공했지만, 정작 달보다 훨씬 가까이 있는 바다 속을 탐험한 사람들은 그리 많지 않다. 허블 망원경과 같은 고성능 망원경과 유 · 무인 우주탐사선이 발명되어 우주를 향한 시야를 넓혀 주었던 것에 비해 우리 가까이 있는 심해는 여전히 미지의 세계로 남아 있다. 광학기술의 발달에 힘입어 우리 은하계galaxy 너머 미지의 우주를 내다보는 수준에 이르렀지만, 바다는 아직도 우리가 쉽게 들여다볼 수 없는 수많은 미지의 영역을 간직하고 있다.

인간의 힘이 미치지 못하는 미지의 바다는 감당할 수 없는 위력을 지녔기에 오랫동안 숭배의 대상이자 두려움의 대상이었다. 하지만 동화나 영화, 소설에 등장하는 전설의 바다 괴물 크라켄Kraken이나 인어 등은 이제 더 이상 신비롭거나 두려운 존재가 아니다. 그러나 이런 인식이 자리 잡기까지는 불과 얼마 되지 않는다. 그 까닭은 우리가 바다를 과학적으로 탐사하기 시작한 지 100여 년밖에 되지 않았기 때문이다.

우리나라는 해마다 태풍과 장마 등의 해양에서 발생하는 재해로 많은 생명과 재산 피해를 입고 있다. 우리의 생명과 재산을 지키기 위해서는 지금 이 시각 해양 상태에 관한 정확한 정보가 중요하며, 해양이 오랜 시간 동안 어떻게 변화해 왔는지에 대해서도 잘 알아야 한다. 해양과학기지는 바로 이런 필요에 따라 건설되었다. 특히 우리나라의 해양과학기지는 엄청난 위력을 떨치는 태풍의 길목을 관측함으로써 이제껏 확인할 수 없었던 태풍에 대한 정보를 전달해 줄 뿐만 아니라, 해양을 이해하기 위한 다양한 정보도 얻을 수 있다. 해양과학기지는 2003년 이어도 해양과학기지 건설을 시작으로 이후 동해에도 해양과학기지 건설이 계획되어 있다. 해양과학기지는 이처럼 우리나라 해역의 중요한 지점에 위치하여 앞으로 수십 년 넘게 해양에 관한 소중한 정보를 우리에게 제공해 줄 것이다.

해양의 시대에 해양을 더 잘 이용하려면 많은 정보가 필요하다. 하지만 그에 앞서 해양에 대해 관심을 가지는 것이 무엇보다 중요하다. 우리 후대가 세계를 향해 열려 있는 거대한 통로인 해양을 잘 이해하고 애정을 가질 수 있도록 그 토대를 마련해야 한다.

이 화보집은 해양을 한 자리에서 오랫동안, 그리고 자세히 살펴보는 현미경 역할을 하는 해양과학기지를 이해하는 데 조금이라도 도움이 되었으면 하는 바람에서 기획하게 되었다. 독자들이 해양에 대해 꿈을 키울 수 있기를 바라는 마음 간절하다.

차례

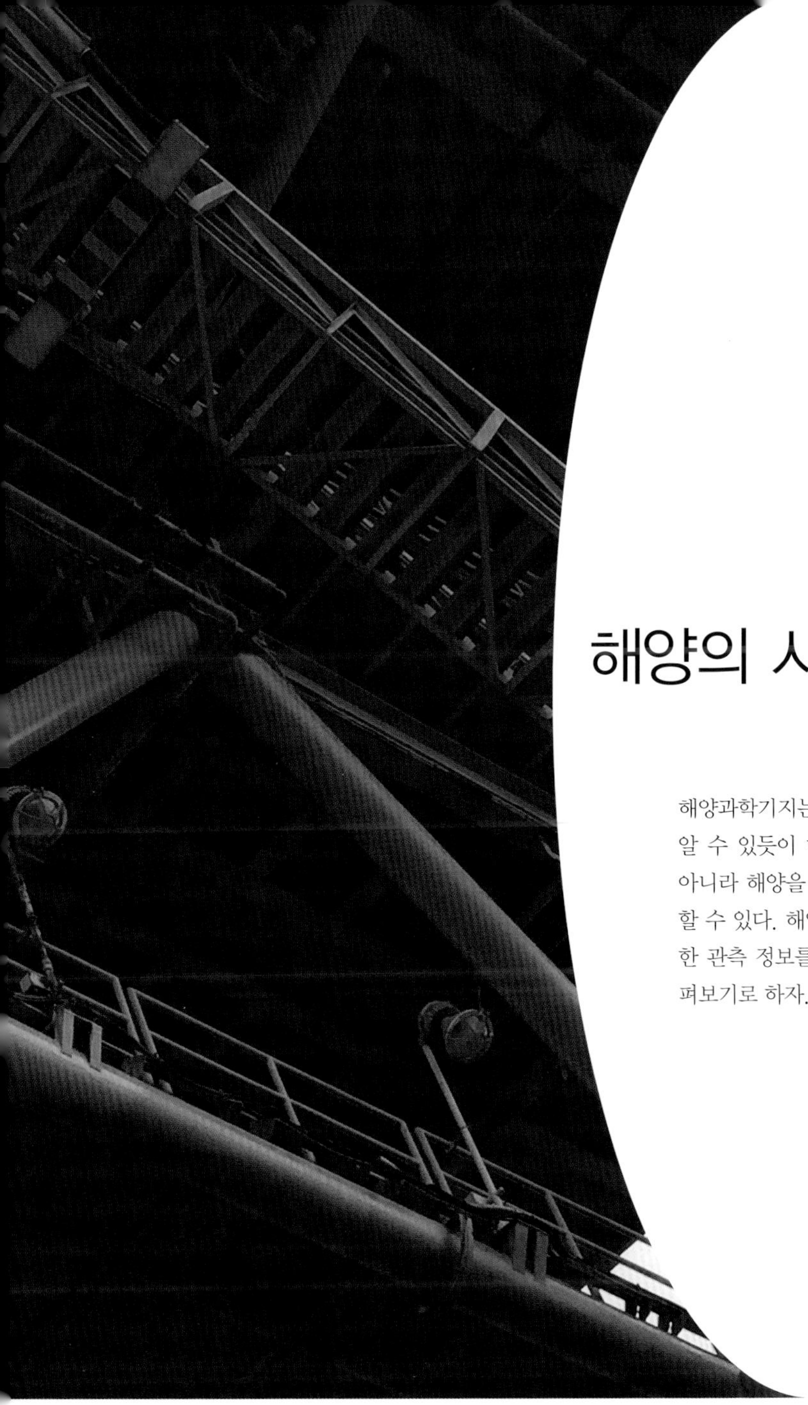

# 01

# 해양의 시대, **해양과학기지**는 어떤 역할을 할까?

해양과학기지는 해양관측탑에 속한다. 하지만 '기지'라는 이름에서 알 수 있듯이 해양과학기지는 단순한 해양관측탑으로서의 기능뿐만 아니라 해양을 관측하고 연구하기 위한 해양에 설치된 연구시설이라 할 수 있다. 해양과 기상 조건이 매우 열악한 해상에서 견뎌내며 귀중한 관측 정보를 만들어내는 해양과학기지의 역할을 좀 더 자세히 살펴보기로 하자.

## 해양을 왜 관측해야 할까?

인류에게 해양은 오랜 옛날부터 도전과 경외의 대상이었으며, 그 어떤 자연 대상보다 많은 전설과 신화의 소재였다. 해양의 예측 불가능함과 엄청난 위력 앞에서는 제아무리 용감한 사람일지라도 두려움을 갖지 않을 수 없었다.

하지만 지금은 어떤가? 혹시 해양에 대한 경외심을 다 잊어버린 것은 아닐까? 아니, 적어도 해양에 대한 아무런 정보가 없었던 그 옛날의 신화와 전설과 같은 이야기를 지어낼 만큼의 경외심은 없는 듯하다. 이미 수많은 과학 연구로 전설과 신화의 실체가 해양에서 일어나는 자연현상의 하나일 뿐임을 밝혀내었고, 이제는 예측을 포함한 많은 정보와 지식을 갖게 되었다.

▶▶ 해양학적 자료를 모으기 위해 최초의 근대적인 해양 관측을 수행한 '챌린저 호의 탐사'(1872~1876)

오늘날 해양학 발전의 기초에는 19세기 후반, '챌린저 호의 탐사'가 있었다. 챌린저 호는 영국왕립학술원과 해군의 지원을 받아 1872년 영국 포츠머스 항을 출발하여 3년 6개월 동안 127,600킬로미터를 항해하며 전 세계 해양에 관한 다양한 관측과 연구 활동을 했다. '챌린저 호의 탐사'는 현대 해양학의 토대를 마련했고, 당시의 연구와 관측 성과는 해양 재난과 재해, 해상 교통, 해양 레저, 해양 산업 등의 발달에 궁극적으로 기여했다. 현재도 해양 관측은 해양과 기상 예보, 기후 변화 등 우리 일상의 많은 부분과 밀접하게 연관되어 있으며, 그 중요성은 갈수록 높아지고 있다.

특히 태풍과 집중호우 등 해양에서 발생하는 재해로 많은 생명과 재산 피해를 입고 있어 우리의 생명과 재산을 지키기 위해서는 지금 이 시각 해양 상태에 관한 정확한 정보가 필요하다. 따라서 우리는 다양한 방법을 이용하여 해양을 관측하고 있다.

## 해양을 관측하는 방법은?

해양을 관측하는 방법은 크게 직접 측정하는 방법, 음파나 전파 등을 이용하는 간접 측정 방법으로 나뉜다. 영화「킹콩」을 보면, 배가 해골섬에 부딪치기 직전에 선원들이 배 바로 아래로 줄을 던져 수심을 확인하는 장면이 나온다. 하지만 요즘 선박들은 줄이 아닌 음파를 이용해 항해 중에도 해양의 드넓은 영역을 한꺼번에 확인할 수 있다.

과학기술의 발달로, 배를 타고 직접 바다로 나가 측정하거나 관측장비를 단 부이(buoy, 부표)를 바다에 띄워 매우 한정된 시간과 공간에서 관측하던 수준에서 벗어나 해양 전체를 파악하게 됨으로써 해양과학 발전에 결정적 계기가 마련되었다. 그중에 인공위성을 이용한 원격 탐사기술의 발달이 대표적인 예로, 1960년대 이후 우주개발이 본격화되면서 관련 기술들도 비약적으로 발달했다. 특히 전 지구적인 규모에서 해양의 수온, 해수면 높이, 플랑크톤, 파도, 바람, 해류는 물론, 최근 들어 염분까지 측정할 수 있는 인공위성이 개발되어 운용 중이다. 이렇듯 넓은 영역의 해양 정보를 한꺼번에 얻게 되자 배를 타고 직접 바다로 나가거나 부이로 측정하는, 상대적으로 고전적인 해양 관측의 중요성이 낮아지는 듯했다.

그렇다면 이러한 과학기술의 발달이 과연 고전적인 해양 관측 방법을 모두 대체할 수 있을까? 그 답은 '그렇지 않다'이다. 기술의 발달이 과학의 발달을 선도하지만, 직접 해양을 측정하는 기초적인 관측 활동은 중요하다. 다시 말해, 전파 신호에 지나지 않는 인공위성의 자료에 가치를 부여하려면, 인공위성의 관측 값을 실제 현상의 값으로 변환할 때 그

1

2

근거로 실제 해양 관측 자료가 필요하다. 이처럼 해양 관측 기술의 발달은 새로운 기술이 기존 기술을 대체하는 것이 아닌, 해양을 보는 시각을 넓혀 주고, 깊이가 수천 미터에 이르는 해양을 입체적으로 볼 수 있게 해 주었다.

이제 해양을 관측하는 부이, 선박, 뜰개, 인공위성, 수중 로봇, 해양관측탑 등이 시간과 공간에서 벌어지는 다양한 해양 현상들을 어떻게 관측하는지 그 방법에 대해 알아보자.

### + 해양관측 부이

선박, 부이, 뜰개 그리고 해양관측탑에 수온 · 염분 · 용존 산소 등 해양 요소를 측정하는 관측장비를 설치하여 관측

3

하는 방법이다. 해양관측 부이는 닻anchor을 이용하여 해저에 고정한 뒤 닻의 줄wire 또는 체인에 부이 아랫부분을 연결하여 부이가 바다 표면에서 해양을 관측할 수 있도록 한 것으로, 지름 1미터 정도의 소형에서부터 지름이 10미터가 넘는 대형에 이르기까지 크기가 다양하다.

파랑 관측만을 위한 단일 목적의 부이에서부터 다양한 해양 요소의 관측을 위한 종합해양관측 부이도 있으며, 둥근 형태뿐만 아니라 선박 형태의 부이도 있다. 이렇듯 해양관측 부이는 목적에 따라 다양한 크기와 형태로 제작되어 활용한다.

4

5

6

▶▶ 1) 파랑 관측을 위한 웨이브라이더 부이(Waverider Bouy)
2) 선박 형태의 노마드NOMAD 해양관측 부이
3) 해양의 연직구조 관측을 위해 윈치 시스템을 탑재한 해양관측 부이
4, 5) 지름이 10미터인 대형 해양관측 부이(황해중부 부이)
6) 지름 12미터에 이르는 대형 해양관측 부이(미국 NOAA)

## + 선박

해양학은 선박을 이용한 항해의 역사와 함께 발전해 왔다. 바다 건너 멀리 떨어진 곳과 무역을 하거나 새로운 시장을 개척하고, 미지의 세계를 탐험하려면 무엇보다 해양을 철저히 알아야 했기 때문이다.

이런 면에서 선박을 이용한 해양 관측은 가장 고전적인 방법이라고 할 수 있다. 대표적인 챌린저 호의 해양탐사(1872~76)는 오늘날의 해양학 기초가 되었다. 연구선을 포함해 선박을 이용하는 해양 관측은 아직도 해양을 이해하는 데 가장 일반적으로 활용하는 방법일 뿐만 아니라 매우 유용한 방법이다.

우리나라에서는 1980년 이전까지 어선을 빌려 해양 관측 활동을 했고, 1980년에 어선을 개조해서 만든 '반월호'는 우리나라 최초의 해양연구선이었다. 반월호는 80톤 규모의 소형 해양연구선에 지나지 않았으나 1992년 노르웨이 M&K 조선소에서 만든 '온누리호'를 진수하면서 비로소 우리나라도 대양을 탐사할 수 있는 연구선을 갖추게 되었다.

이후 해양탐사를 위해 해양 관련 기관에서 여러 척의 연구선들을 진수했고, 현재까지는 국립해양조사원의 2500톤급 해양조사선 '해양2000호'가 최대의 연구선이다. 앞으로 한국해양과학기술원의 5000톤급 종합해양과학조사선이 2016년에 진수될 예정으로 있어 우리나라의 해양 탐사가 더욱 활발히 펼쳐지리라 기대하고 있다.

하지만 통신기술, 인공위성 등 원격탐사 기술, 그리고 수중 글라이더 등을 포함한 수중 로봇 기술이 발달하면서 선박을 이용한 해양 관측을 대체하는 추세이다. 이에 따라 자연스럽게 선박을 이용한 해양 관측은 그 비중이 낮아지거나 위의 관측기술들을 지원하는 형태로 바뀌고 있다. 실제로

미국에서는 해양 연구에 관한 연구자들의 제안서를 검토할 때 많은 연구비가 드는 선박보다는 다른 해양 관측 방법을 이용할 것을 권하고 있다.

그럼에도 선박을 이용한 해양 관측과 연구는 다른 관측 방법들에 비해 여전히 많은 장점이 있다. 많은 연구자들이 배에 올라 넓은 해양에서 다양한 장비를 이용하여 수면에서 해저까지 관측과 연구를 할 수 있기 때문이다. 앞으로도 선박을 이용한 해양 관측은 관측 기술의 발달과 더불어 새로운 역할과 임무를 가지고 해양을 누빌 것이다.

◀ 한국해양과학기술원의 연구선인 온누리호
▼ 국립해양조사원의 해양2000호

+ 뜰개

뜰개는 해양 관측을 위한 도구로는 조금 낯설지도 모른다. 영어로 'drifter' 라고 표현하는 뜰개는 말 그대로 물에 떠다니는 해양 관측장비이다. GPS 위성추적 시스템을 탑재한 뜰개는 해류를 따라다니면서 자체의 위치 정보를 실시간으로 알려 준다. 이 정보로 우리는 현재의 해류 방향과 속도 등의 정보를 알 수 있다. 뿐만 아니라 뜰개에 수온 · 염분 센서, 수중 청음기 등을 달아 해류와 광범위한 해양의 수온, 염분, 풍속 등의 정보도 알 수 있다.

뜰개와 관련한 대표적인 국제 관측 프로그램으로 '아르고 ARGO' 를 들 수 있다. 아르고 프로그램은 아르고 플로트 ARGO Float를 해양에 투하하여 해류, 수온, 염분의 수심별 연직구조를 관측하기 위해 2000년부터 시작되었다. 해양에 투하된 아르고 플로트는 관측 목표 수심까지 잠수하고 다시 떠올라 해양의 입체적인 수온 · 염분 구조를 관측한 뒤에 수면에 도달하면 관측 정보를 '아르고스ARGOS 위성' 을 통해 전송한다. 아르고 플로트는 수명이 다할 때까지 부양과 잠수를 계속 반복한다.

기후 변화가 세계적인 쟁점인 상황에서 아르고 플로트가 관측한 입체적인 해양의 순환 구조와 열용량 등의 정보는 장기적인 기후 변화와 엘리뇨, 라니냐 등의 기후학적인 이상현상을 파악하는 데 큰 기여를 하고 있다.

▶ 아르고 플로트를 투하하는 모습
▼ 아르고 플로트 분포도. 2014년 현재 약 3750대가 투하되어 해양 관측을 하고 있다.

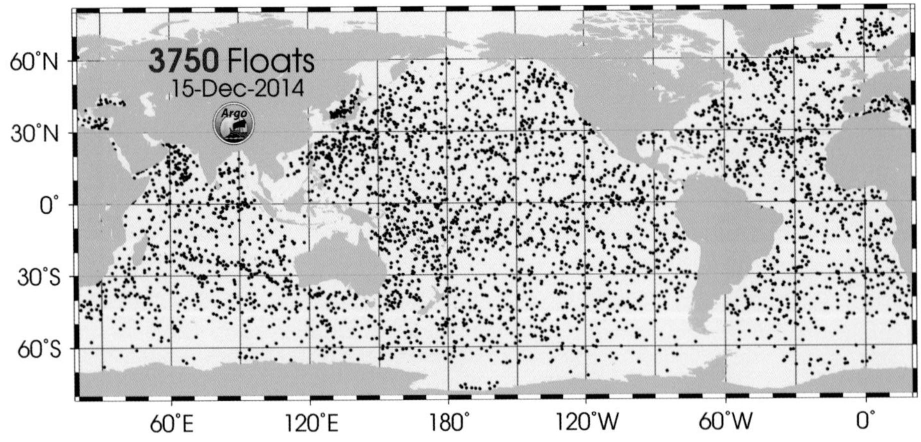

+ 인공위성

인공위성을 이용한 해양 관측은 우주 기술의 발달과 함께 발전했다. 인공위성을 이용하면 광범위한 해양 상황을 한눈에 살펴볼 수 있다. 현재 운용 중인 해양 관측과 관련한 인공위성은 활용하는 주파수 영역과 특성에 따라 관측 대상이 나뉜다. 예를 들어 해양의 수온, 해류, 해수면 높이, 파도, 해양의 색깔을 관측하며, 최근에는 염분까지도 인공위성을 통해 측정할 수 있게 되었다.

우리나라는 세계 최초로 '천리안'이라고 이름 붙인 정지궤도 해색위성(GOCI)을 성공적으로 궤도에 올려, 한반도 주변

▶▶ 인공위성의 종류

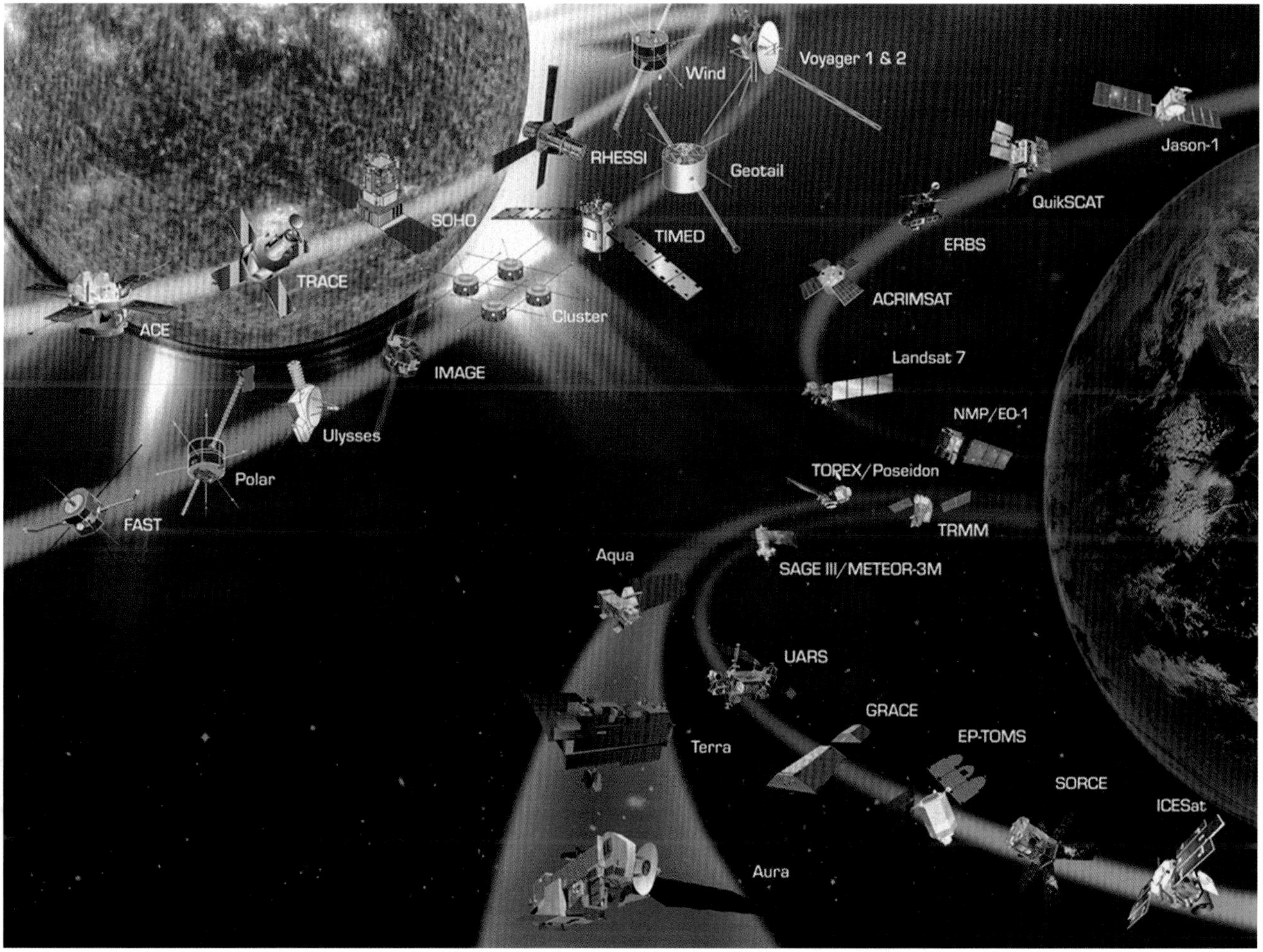

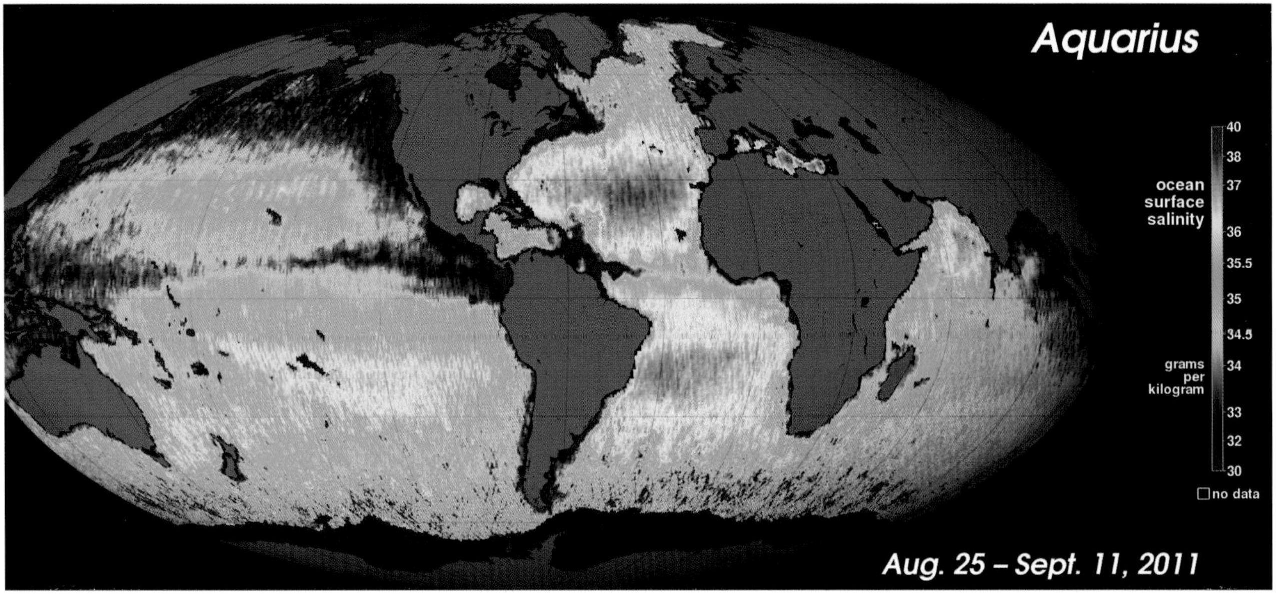


▶▶ 아쿠아리우스Aquarius 위성으로 관측된 해양의 표층 염분

해역의 다양한 정보를 확보할 수 있게 되었다. 일반적인 해양관측 위성들은 극궤도를 가지고 있어 전 지구 영역을 볼 수 있지만, 일정 영역은 자세히 관측할 수는 없다. 하지만 GOCI는 한반도 상공에서 정지궤도를 유지하면서 하루에 8번 관측한 기상과 해양 정보를 제공해 준다.

**+ 수중 로봇**

해양 분야에서 말하는 수중 로봇에는 무인잠수정, 수중 글라이더 등이 있다. 해양의 수중 로봇은 미리 프로그램해 놓은 경로와 수심을 따라 관측한 뒤에 수면으로 올라와 관측 정보를 위성을 통해 전달해 주는 AUV가 대표적이다. 최근에는 파도의 힘만으로 최대 3노트의 속도로 움직이면서 해양의 표층을 관측하는 '웨이브 글라이더Wave Glider'가 개발되어 해양 연구에 활용되고 있다.

수중 로봇을 이용한 해양 관측은 한 지점에서 꾸준하게 관측하는 것에서 벗어나 보다 넓은 해양의 상태를 파악할 수 있다. 특히 원하는 관측 지점으로 수중 로봇을 보내어 연구자가 필요한 해양 정보를 필요한 시기에 얻을 수 있다. 인공위성을 이용한 해양 관측처럼 동시에 넓은 영역의 해양 정보를 얻을 수는 없지만, 해양의 수평 · 수직의 다양한 해양 환경 요소의 입체적인 공간 분포를 관측할 수 있다는 것이 큰 장점이다.

▶ AUV(Autonous Underwater Vehicle, 지능형 자율 무인잠수정)
▼ 리퀴드 로보틱스 사에서 개발한 웨이브 글라이더

**+ 해양관측탑**

지금까지 소개한 여러 해양 관측 방법과는 달리 해양관측탑은 고정된 위치에서 해양을 관측하기 위한 수단이다. 해양관측탑은 연구자들이 해양 환경 요소를 긴 시간 동안 안정적으로 관측하는 데 이용되며, 연구자들의 여러 연구 활동을 돕기 위해 필요한 관측장비와 시설을 설치하는 데 특별한 제약이 따르지 않는다. 따라서 관측 중요도가 매우 높은 해역일수록 해양관측탑을 건설하여 관측하는 경우가 많다.

▲ 새만금 가력 해양관측탑
◀ 광안리 해양관측탑

# 해양과학기지는 어떤 장점이 있을까?

해양과학기지는 큰 범주에서 보면 해양관측탑에 속한다. 따라서 앞에서 말한 해양관측탑의 기본적인 기능을 모두 갖고 있다. 하지만 '기지'라는 이름에서 알 수 있듯이 해양과학기지는 단순한 해양관측탑으로서의 기능뿐만 아니라 연구자가 머물면서 해양을 관측하고 연구 활동을 하는, 해양에 설치된 연구시설이라 할 수 있다.

해양과학기지는 기상 조건이 매우 험악한 해상에서도 견딜 수 있도록 건설해야 하며, 특히 우리나라의 경우 태풍 등 주요 해양 재해의 원인이 되는 현상들을 관측하고 정보를 전달해 줄 수 있도록 최적의 조건을 갖추고 있어야 한다.

■ **표 1** 해양관측탑과 관측부이의 장단점 비교

| 구 분 | 장 점 | 단 점 |
|---|---|---|
| 해양 관측탑 | – 관측과 연구 목적에 따라 많은 항목의 관측이 가능<br>– 장기간의 안정적인 관측 가능<br>– 관측 자료의 정밀도와 정확도가 높음<br>– 유지 관리가 편리함<br>– 관측 외 다목적으로 활용 가능(등대, 수색구조 등)<br>– 분실의 위험이 없음<br>– 전원 문제가 쉽게 해결됨<br>– 활용 공간이 여유 있음 | – 초기 설치비용이 많이 들고 장기간의 공사 기간이 걸림<br>– 장소의 이동이 불가능함<br>– 연안에서는 선박 항해에 지장을 줄 수 있음<br>– 구조물의 안전도를 고려한 설계 · 시공아 필요함 |
| 관측 부이 | – 설치가 간편하고, 깊은 수심에 적합함<br>– 관측 장소의 이전이 편리함<br>– 해양과학기지에 비해 상대적으로 경제성이 높음 | – 관측 항목(바람, 유속, 해수면의 높이 등)의 정밀도에 제한이 있음<br>– 항해 선박과의 충돌에 따른 파손과 분실의 위험이 큼<br>– 전원 문제로 유지 관리를 위해 자주 회수해야 함 |

# 세계의 해양과학기지

해양 선진국들은 해양을 이해하기 위해 많은 노력을 기울여 왔다. 그런 노력들 중에는 해양과 기상을 안정적으로 관측할 수 있도록 해양관측탑 형식의 해양과학기지를 건설하는 것도 포함되어, 1960년대부터 미국, 일본, 유럽은 해양과학기지를 건설하여 지금까지 꾸준히 운영하고 있다.

그중 우리나라의 해양과학기지와 비슷한 형태로는 이탈리

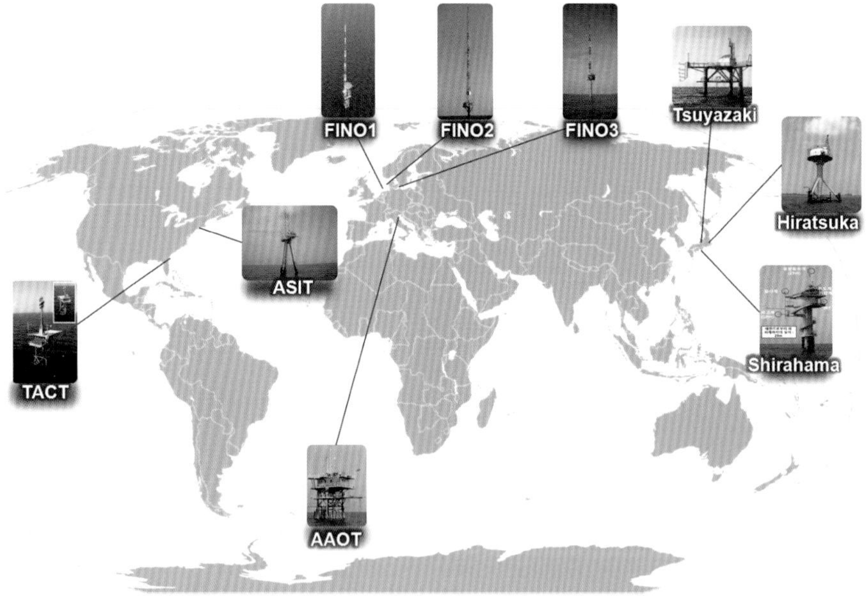


▲ 이탈리아의 AAOT(Aqua Alta Oceangraphic Tower)
▶ 세계의 해양과학기지

아의 'AAOT(Aqua Alta Oceanographic Tower)'가 대표적이다. AAOT는 해일 예보를 위해 1970년 물의 도시로 유명한 '베네치아'의 동남쪽 15킬로미터 떨어진 해상에 건설되어 현재까지도 해일뿐만 아니라 다양한 해양 관측 기능을 하고 있다.

인류에게 가장 많은 피해를 주는 자연현상은 태풍, 허리케인 등으로 대표되는 열대폭풍이다. 한때 열대폭풍을 기상학적으로 접근하여 이해하고 예측하려 했으나 현재는 해양이 열대폭풍의 생성, 발달, 소멸에 큰 영향을 미치는 것으로 밝혀져 해양과 대기가 어떤 상호작용을 하는지에 대한 연구가 활발히 진행되고 있다. 미국의 ASIT(Air-Sea Interaction Tower)는 이러한 목적으로 2002년 미국 동부 연안에 건설되어 현재까지 운영 중에 있다.

또한 미국에서는 전투기 조종사들을 훈련시키기 위한 시설

▶▶ 미국의 ASIT(Air-Sea Interaction Tower)

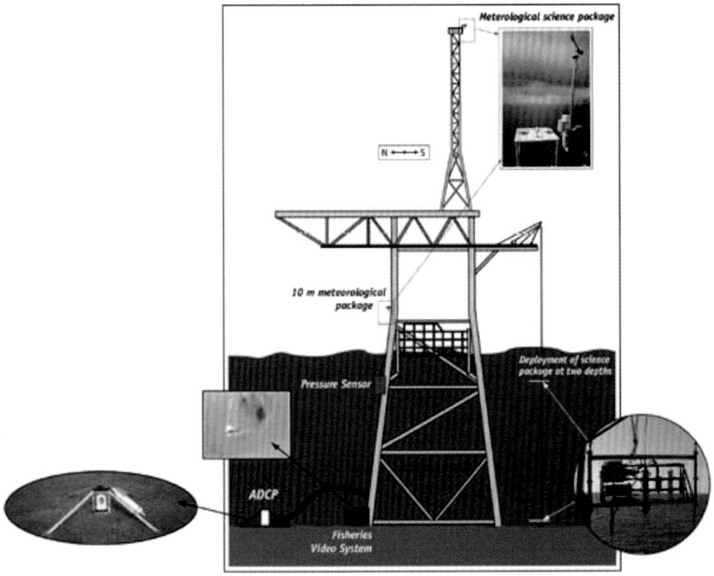


▶▶ TACTS(Tactical Aircrew Combat Training System)와 이 장비가 설치된 해양 및 기상관측장비 개요도

로 해양에 탑을 설치하여 운영하고 있는데, 현재는 조종사 훈련뿐만 아니라 해양 관측 시설로도 활용하고 있다. 이 시설은 TACTS(Tactical Aircrew Combat Training System)라고 하는데, 규모와 형태가 다른 8개의 탑으로 구성되어 있다.

2011년 일본 동북 대지진의 여파로 발생한 후쿠시마 원전 사고 이후, 원자력 에너지의 위험성이 피부에 와 닿을 만큼 위협적으로 다가오고 있다. 이에 따라 이미 북유럽에서는 풍력자원을 중심으로 신재생에너지 개발을 진행했으며, 풍력발전과 해양공학 기술의 발전으로 해상 풍력자원 개발이 활발히 이루어지고 있다. 해상 풍력발전단지를 만들기 위해서는 먼저 그 해역의 풍력자원의 양과 질을 평가해야 한다. 특히 높이가 올라갈수록 바람이 더 강해지기 때문에 대부분 풍력발전기의 높이는 100미터가 훌쩍 넘는다.

이러한 풍력자원을 조사하기 위해 만든 관측탑이 FINO 1, 2, 3이다. 북해와 발틱 해에 건설된 이 탑들은 해상 풍력발전단지를 만들기 위해 필요한 풍력자원을 조사할 뿐만 아니라, 기본적인 해양 관측 요소인 수온, 염분, 해류 등을 조사하는 역할도 하고 있다.

▶▶ 1) FINO1
2) FINO2
3) FINO3

▶▶ 1) 히라쓰카 해양관측탑
2) 규슈대 해양관측탑
3) 도쿄대 해양관측탑

해양 재해가 잦은 일본도 많은 해양관측탑을 설치하여 운용 중에 있는데 도쿄대학과 규슈대학 등에서는 해양관측탑에서 실시간으로 보내는 해양 정보를 활용하고 있다.
특히 일본의 해양관측탑은 연안에서 다양한 해양 현상을 연구하는 한편, 해일과 해수면 상승 등의 연안 재해를 줄이기 위해 여러 가지 관측을 하고 있다.

# 해양과학기지 건설은 어떻게 계획할까?

우리나라의 서해는 조수간만의 차가 크고, 조류가 빠르며 수심이 낮다. 동해는 조수간만의 차가 작지만 큰 해류의 영향을 받고, 수심이 깊어 대양과 같은 거대한 해양순환 시스템을 가지고 있어 작은 대양으로 평가된다. 남해는 섬이 많아 해역별로 해양 특성이 다양하며, 선박들의 통행이 매우 빈번하다. 이렇듯 우리나라의 동해, 서해, 남해는 해양 환경뿐만 아니라 인간 활동에 따른 인위적 환경에도 커다란 차이가 있다. 이러한 지리적 조건에서 해양과학기지를 건설할지는 어떻게 판단하는 것일까?

해양과학기지는 해양관측 부이 또는 해양관측탑보다 규모가 크고 활용도가 다양하다는 장점이 있는 반면, 대형 해양구조물인 까닭에 건설비용이 엄청나다. 이어도 기지의 경우 전체 구조물의 높이는 77미터, 무게는 3400톤에 이르고 건설비용은 약 212억 원이었다. 따라서 대형 해양구조물로서 건설비가 엄청난 해양과학기지를 어느 해역에 설치할지 결정하는 것은 매우 중요하다. 해양과학기지를 건설할 때 다음의 네 가지 조건을 염두에 두고 결정한다.

첫째, 해양과학기지를 건설하려는 해역의 대표성이다. 해양과학기지는 육지의 영향을 모두 제외하고 순수한 해양 요소의 관측을 목적으로 하며, 그 관측 정보가 주변 해역을 대표하는지의 확인이 필요하다. 어마어마한 예산을 투입한 해양과학기지가 겨우 몇 킬로미터 정도 해역에 해당하는 정보만을 제공한다면 그 가치는 매우 떨어질 수밖에 없다. 따라서 주변에 해양과학기지의 관측에 영향을 주는 큰 섬, 인위적인 교란 요소(오염물질 배출 장소 등)에 따른 영향을 기준으로 육지와의 거리 등을 검토해야 한다.

해양과학기지의 관측 활동은 해양에만 머무는 것이 아니다. 기상관측 또한 해양과학기지의 위치 선정에서 필수적으로 고려해야 하는 요소이다. WMO(World Meteorological Organization, 세계기상기구)에서는 해양과 기상예보에 필요한 관측 시스템의 공간적인 범위를 약 200킬로미터로 제안하고 있다. 세계 여러 나라에서는 WMO의 이 제안 사항을 최대한 반영해 해양관측 계획을 세우며, 우리나라의 이어도와 가거초 기지, 황해중부 부이, 소청초 기지의 위치 결정도 여기에 따르고 있다.

둘째, 해양과학기지 건설의 경제성이다. 앞에서 말했듯이 해양과학기지를 건설하려면 엄청난 국가 예산이 투입되므로 해양과학기지에서 제공하는 정보가 과연 유용한 가치가 있는지 면밀한 검토가 필요하다. 하지만 해양과학기지는 직접적인 부가가치를 창출하는 시설이 아니기 때문에 비재화성의 가치로 평가하는데, 이 가치는 연안 재해의 피해를 줄이거나 해상 항로 확보, 관련 산업지원 등에 미치는 파급효과와 관련 있다.

해양과학기지의 건설비용을 결정하는 가장 큰 요소는 수심이다. 수심이 50미터 이내인 경우에는 이어도, 가거초 기지와 같은 고정식 해양구조물 건설 공법으로 건설이 가능하며, 이는 기지의 안정성을 가장 잘 확보할 수 있는 공법이다. 하지만 수심이 50미터 이상으로 깊어지면 해양과학기지를 버티는 하부 구조물의 규모가 매우 커지게 되어 건설비용이 기하급수적으로 늘어날 수밖에 없다. 일반적으로 깊은 수심에서는 고정식이 아닌 부유식 해양과학기지 공법을 적용하는데, 이 공법에는 적어도 천억 원이 넘는 예산이 필요하다. 이 공법은 주로 확실한 수익을 얻을 수 있는 석유와 가스 시추선에 많이 적용된다. 해양과학기지는 국가적인 측면에서 공공재, 다시 말해 사회간접자본의 성격이 강하기 때문에 정부의 재정을 지원받아 추진하는 사업이다. 이에 따라 최적의 예산으로 최대의 효과를 거둘 수 있는 해역을 조사하여 그 타당성을 철저히 검토해야 한다.

셋째, 해양과학기지에 대한 접근성이다. 해양과학기지는 50년 이상, 100년의 수명을 갖도록 설계 · 제작 · 설치된다. 이는 기지에 대한 철저한 유지와 보수 등의 관리가 전제될 때 가능하다. 따라서 해양과학기지가 지리적 · 지정학적으로 접근성이 나쁜 경우에는 관리가 쉽지 않다. 따라서 기지의 접근성이 떨어지면 기지의 수명을 계획한 대로 이루지 못하고, 기지의 건설 목적인 해양과 기상 관측의 임무를 제대로 수행하지 못하는 상황에 놓일 수 있다.

▶▶ 수심에 따른 해양구조물의 건설 공법

넷째, 기지 구조물의 안정성이다. 앞에서 살펴본 것처럼 기지 구조물의 안정성은 기지 건설에 적용되는 공법에 따라 크게 좌우된다. 하지만 적용 공법 외에도 해양과학기지를 건설하는 해역의 기상과 해양 환경 조건도 매우 중요하다. 일반적으로 해양과학기지는 해양 재해와 관련한 현상 관측이 주요 목적이다.

특히 우리나라에서 해양과학기지가 필요한 가장 큰 이유 가운데 하나가 태풍 등 일상생활에 큰 어려움과 위험이 뒤따르는 기상 현상을 관측하고, 이에 대한 예측을 정확하게 하기 위한 것인 만큼 구조적으로 안정된 해양과학기지의 건설은 매우 중요하다.

지금까지 소개한 해양과학기지 설치와 관련한 네 가지 검토 사항 외에도 기지별로 고려해야 하는 특수한 환경 조건들이 있다. 이러한 조건들을 세분화하여 각 해양과학기지가 위치하는 해역의 특성에 따라서 설계·운영과 연구 활동을 위해 면밀히 검토해야 한다. 이렇게 건설된 해양과학기지는 각 해역에서 기본 해양관측소로, 또한 바다 위의 해양연구소로 그 역할을 다하게 된다.

▶▶ 쉘마스 해양시추선(위/ 허리케인 카트리나 피해 전, 아래/ 카트리나 피해 이후)

# 02
# 해양과학기지의 **건설**

육지가 아닌 망망대해라는 아주 특별한 환경에 건설해야 하는 해양 구조물의 건설은 위험이 높을 뿐만 아니라 많은 비용을 투자해야 하는 엄청난 사업이다. 따라서 해양 구조물을 건설할 때에는 '타당성 조사, 환경 조사, 설계조건 계산, 기본 및 실시 설계, 구조물 제작, 현장 설치, 운영' 의 과정을 거쳐야만 한다. 이러한 과정을 거쳐 우리나라의 대표적인 해양과학기지 이어도 기지와 가거초 기지가 완성되었다. 이제 그 건설 과정을 세밀하게 들여다보기로 하자.

# 전설에서 과학으로
## _ 이어도 종합해양과학기지

**+ 전설의 섬 이어도**

2013년 11월, 중국이 일방적으로 방공식별구역(CADIZ)을 선포했다. 이 사건을 계기로 '이어도'라는 이름은 그 어느 때보다도 언론에 자주 오르내렸다. 그 이전까지는 이어도가 실제로 어디에 있는지 아는 사람들이 많지 않았으나 중국의 방공식별구역 선포 이후로 많은 국민들이 이어도에 대해 관심을 갖게 되었다. 중국의 방공식별구역 선포 이후 우리 정부도 같은해 12월 15일, 이어도 해역을 포함한 우리의 방공식별구역(KADIZ)을 선포했다.

제주도 사람들의 삶은 오랜 옛날부터 바다와 밀접하게 연관되어 있다. 여자들은 해녀가 되어 바다 속 해산물들을 채취했고, 남자들은 먼 바다로 나가 물고기를 잡았다. 이렇듯 바다는 제주도 사람들에게 삶의 터전이지만, 성난 바다로 돌변할 때는 생과 사를 좌우하는 두려움의 대상이기도 했다. 그런 만큼 제주도 사람들에게 바다는 경외의 대상인 동시에 수많은 신화와 전설을 품은 공간이었다. 이어도는 제주도의 신화와 전설의 대표적 상징이며, 오랜 세월 동안 제주도 사람들과는 따로 분리해서 생각할 수 없는 존재였다.

가족을 위해 좀 더 많은 물고기를 잡으려고 먼 바다로 나간 남정네들은 갑작스레 폭풍이 몰아치면 바다 한가운데에서 폭풍과 사투를 벌일 수밖에 없었다. 기상예보도 없었으니 어쩔 수 없는 일이었고, 불과 몇십 년 전까지도 숱하게 겪었던 일이었다. 집채만 한 파도에 시달리던 그들은 물보라를 일으키는 파도 너머로 조그만 섬을 발견한다. 하지만 그

▶▶ 제주의 해녀(사진 : 이어도 연구회)

들은 두 번 다시 가족과 만날 수 없었고, 오랜 세월이 지나도록 그 섬을 본 사람들 가운데 생존자는 없었다. 다만, 천우신조天佑神助로 살아남은 몇몇 어부들을 통해서 그 섬에 대한 이야기가 간간이 전해질 뿐이었다. 그렇게 그 섬은 하나의 전설이 되었다. 제주도 사람들이 말하는 그 전설의 섬이 바로 '이어도'다. 제주 여인들에게 이어도는 가족을 위해 바다로 나가 다시는 돌아오지 못한 남편과 아들 그리고 형제가 잠든 곳이고, 언젠가 자신들도 돌아갈 곳이라 믿고 있는 환상의 섬이다.

이어도 기지가 건설된 이어도는 실제로는 수중 암초이다. 수중 암초는 국제법상으로 '초Reef'로 표시하는데 '섬Island'과는 국제법상의 지위가 다르다. 가장 큰 차이점은 '섬'은 EEZ(Exclusive Economical Zone, 배타적 경제수역)의 기준점이 될 수 있지만 '초'는 그렇지 못하다. 유엔 해양법 제121조에 "섬이라 함은 바닷물로 둘러싸여 있으며, 밀물일 때에도 수면 위에 있는 자연적으로 형성된 육지 지역을 말하며, 인간

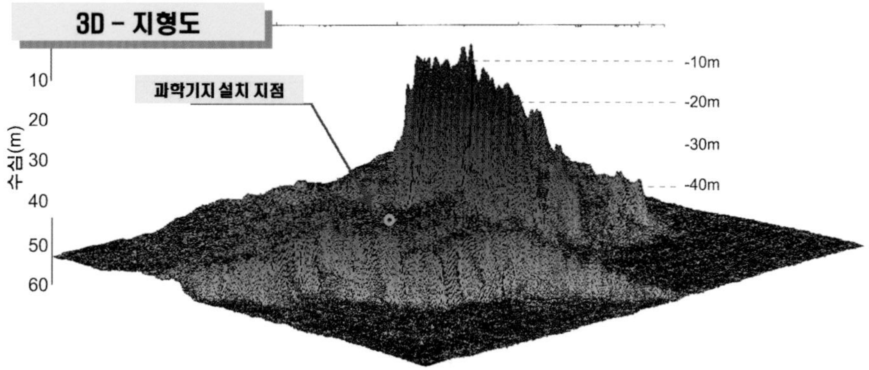


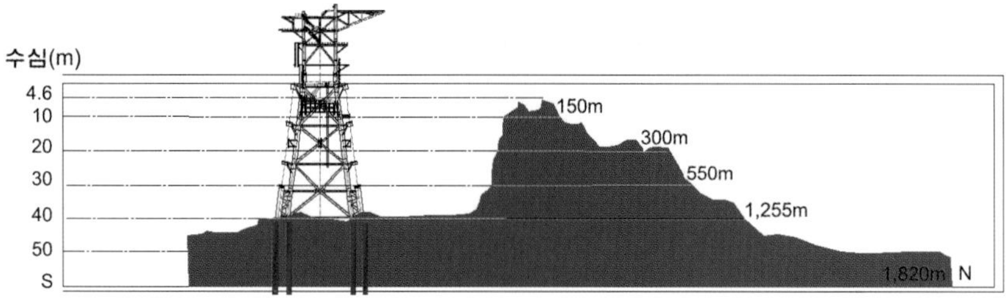


▶▶ 이어도의 형상과 이어도 기지의 위치

이 거주할 수 없거나 독자적인 경제활동을 유지할 수 없는 암석은 배타적 경제수역이나 대륙붕을 가지지 아니한다"고 규정한다. 이런 이유로 이어도는 전설에서만 '섬'으로 존재하며, 안타깝지만 우리나라의 EEZ 기준점이 될 수 없다. 하지만 우리나라의 EEZ에 포함되어 있는 이어도는 틀림없는 우리의 섬이며, 우리의 정서와 삶에서 신화와 전설로, 그리고 역사로 현재의 우리에게 상속된 곳이다.

이어도의 실재에 대해 19세기까지는 명확하지 않다가 20세기에 이르러 전설의 섬이 아닌 분명히 존재하는 섬임이 확인되었다. 이어도 실재에 대한 발견은 1900년 영국 상선인 6000톤급 소코트라Socotra 호가 일본에서 중국 상하이로 항해하다가 암초에 배 밑바닥이 손상된 사건에서 시작되었다. 바다 한가운데 암초가 있다는 사실을 보고받은 영국 해군본부는 이듬해인 1901년 측량선인 워터위치Water Witch 호를 파견하여 암초의 위치와 수심(당시 5.5m로 측량됨)을 확인했다. 그 후 이 암초는 손상된 선박의 이름을 따서 국제적으

▶▶ 이어도와 충돌한 영국 상선 '소코트라' 호

▶▶ 이어도의 해저 측량을 실시한 영국 전함 워터 위치 호

로 소코트라 암Socotra Rock이라고 불리기 시작했다.

일본은 나가사키長崎-제주도-화조산도花鳥山島-상하이를 잇는 920킬로미터의 해저 케이블 부설을 계획하면서 제주도와 중국 저장성의 화조산도의 거리가 너무 멀어 중계시설이 필요하다고 판단했다. 이에 해저 케이블 중계시설과 등대시설로 사용하려고 이어도에 지름 15미터, 수면 위로 35미터에 이르는 콘크리트 인공구조물을 설치할 계획을 세웠다가 태평양 전쟁이 일어나 무산되었다는 기록이 남아 있다.

우리나라에서 공식적으로 이어도의 실재론이 처음 제기된 것은 1951년이었다. 당시 국토규명사업을 벌이던 한국산악회와 해군이 공동으로 이어도 탐사에 나섰다. 그들은 높은 파도 속에서 실체를 드러낸 이어도 정상을 눈으로 확인한 뒤에 '이어도'라고 새긴 동판 표지를 수면 아래 암초에 가라앉히고 복귀했다. 약 30년이 지난 1984년, 제주대학교-KBS의 '파랑도 학술탐사 팀'이 이어도의 위치와 규모, 수심, 지질, 생물 그리고 해양물리학적인 특성에 대한 기초조사를 성공적으로 끝마쳤다. 이런 점에서 이 탐사는 이어도의 실체를 과학적으로 접근한 최초의 탐사라 할 수 있다.

1984년 이후, 교통부 수로국(현재 국립해양조사원)에서 이어도에 대한 정밀 수심 측량을 실시하여 가장 얕은 수심이 4.6미터임을 확인했다. 이어도라는 이름을 가진 최초의 시설물은 1987년 해운항만청에서 설치한 이어도 등부표(선박 항해에 위험한 곳임을 알리는 무인 등대와 같은 역할을 하는 항로 표지 부표)로, 당시 이 사실을 국제적으로 공표했다.

이렇듯 이어도가 실재하는 것으로 확인되었으나 여전히 전설 속의 이어도가 현재 우리가 '이어도'라고 알고 있는 그 섬이 아니라는 의견을 제주도의 민속학자와 사학자들이 꾸준히 제기하고 있다. 이는 제주도 사람들에게 이어도가 얼마나 중요한 정서적 의미를 지니는지 짐작할 수 있는 사례이기도 하다.

이어도는 정상 수심이 4.6미터, 주변 수심은 55미터 정도이고, 50미터 등수심선(isochore line, 해저지형에서 같은 수심을 연결한 선)을 기준으로 할 때 남북으로 약 1.8킬로미터, 동서로 약 1.4킬로미터의 타원형이며, 면적은 약 2.0제곱킬로미터임이 확인되었다. 이로 미루어볼 때 이어도의 정봉頂峰은 10미터 이상의 파도가 이는 날에 물 위로 드러나는데, 이는 우리가 전설의 섬으로 생각하던 '이어도'가 현재의 이어도 정봉일 가능성이 높음을 말해준다. 중앙지명위원회(국토지리정보원)에서 2000년 12월 이 암초의 지명을 '이어도Ieodo'로 결정·고시하면서 현재까지 공식적인 지명으로 통용되고 있다.

▶▶ 이어도 정봉 부근의 수중사진

### + 이어도 해역의 중요성

이어도는 마라도 남서쪽으로 약 149킬로미터, 일본 도리시마에서는 약 276킬로미터 떨어져 있으며, 중국의 서산다오余山島에서는 약 287킬로미터의 거리에 있다. 최근 중국이 자국의 영해 기점으로 주장하는 퉁다오童島에서도 247킬로미터 떨어져 있다. 이처럼 우리나라와 일본, 중국의 기점에서 볼 때 이어도와의 거리는 우리나라가 가장 가깝다.

이어도는 1952년, 우리나라의 인접 해양에 대한 주권을 선언한 '평화선' 선포 수역 안에 있어 명실공히 우리나라의 해양 관할권에 속한다. 또한 1970년 제정된 해저광물자원개발법상의 해저광구 가운데 제4광구에 위치한 우리나라 대륙붕의 일부이기도 하다. 한편, 1965년에 체결한 한일어업협정에 따르면 이 수역은 공동자원조사수역에 속한다. 이어도 해역은 주변국들과의 배타적 경제수역EEZ이 중첩되

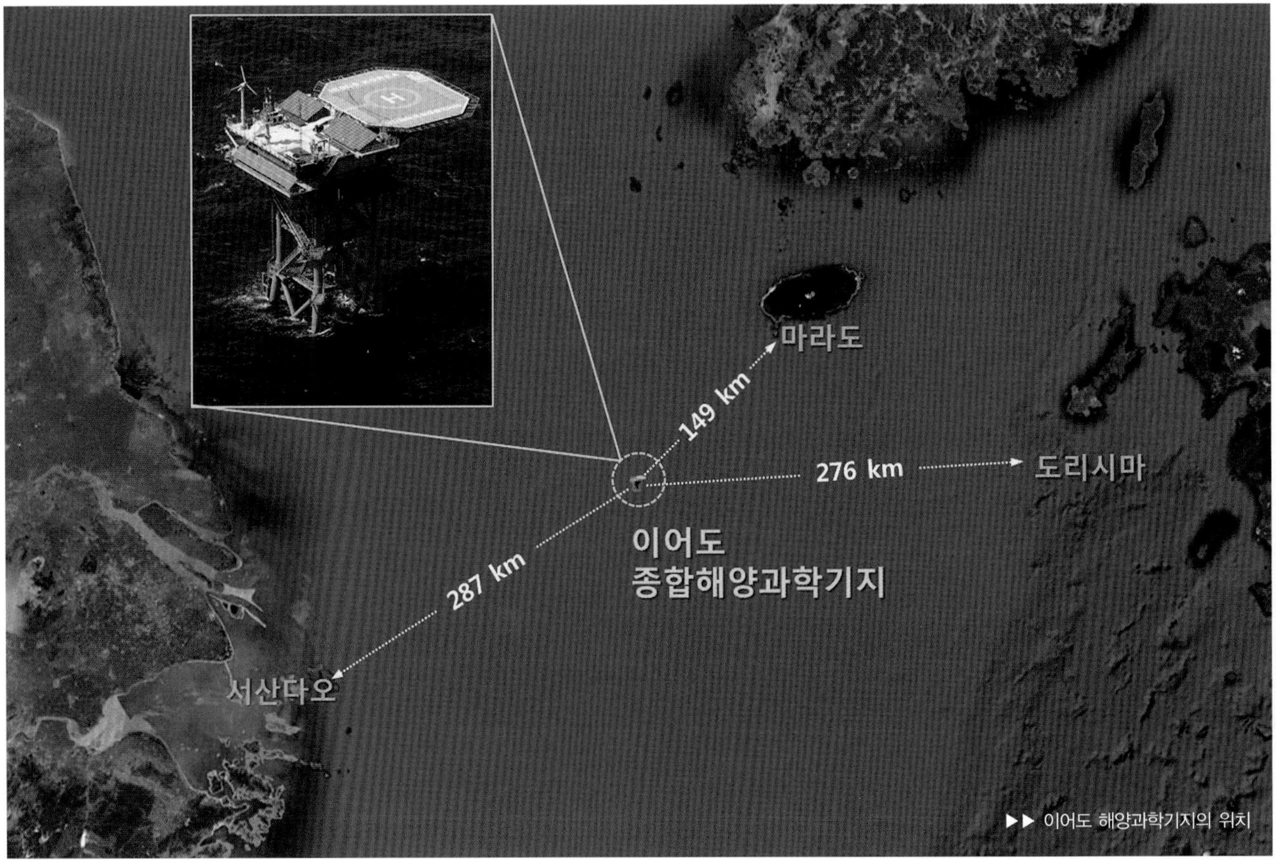


▶▶ 이어도 해양과학기지의 위치

▶▶ 왼쪽/ 우리나라 해저광구도, 이어도(붉은 점으로 표시된 곳)는 4광구에 속한다.
오른쪽/ 이어도 해양과학기지의 전경

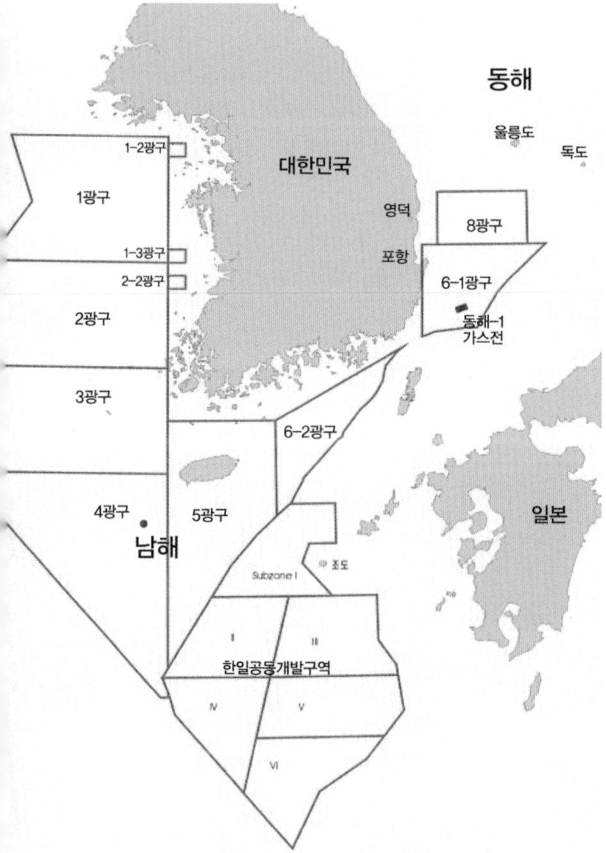

▶▶ 이어도 기지 옥상층에 설치된 등대, 풍력발전기, 태양광발전기

는 곳이다. 하지만 국제법적으로 배타적 경제수역이 중첩되는 경우에는 각국의 기점으로부터 중간선을 채택하는 것이 원칙이며, 이 경우 이어도 해역은 명백히 우리나라의 배타적 경제수역으로 들어오게 된다. 이어도 해역은 우리나라로서는 매우 중요한 해역일 뿐만 아니라 주변국들도 이어도 해역에 대한 경제적 가치를 높이 평가하고 있다.

이어도 해역은 이렇듯 지정학적으로 중요할 뿐만 아니라 해양과 기상 관측에서도 매우 중요한 곳이다. 우리나라에 영향을 주는 주요 태풍들의 진로를 분석하면 대부분의 태풍들이 이어도 해역을 지난다는 사실을 확인할 수 있다. 우리나라 기상 관측 이래 가장 낮은 중심기압(951.5hPa)을 기록하여 엄청난 피해를 주었던 태풍 '사라(1959년)', 가장 강한 바람(제주 60.0m/s)을 몰고 왔던 태풍 '매미(2003년)' 등은 이어도 해역을 지나 한반도에 상륙했던 대표적인 태풍들이다. 그 밖에도 태풍 '셀마(1987년)', '루사(2002년)' 등도 이어도 해역을 통과한 후 우리나라에 많은 피해를 주었다.

따라서 이어도 기지에 대한 구체적인 계획을 세우기 훨씬 이전부터 우리나라에 북상하는 태풍을 사전에 관측하고 연구하려면 이어도 해역에 대한 관측이 필요하다는 주장이 꾸준히 제기되었다. 태풍의 강도와 진로를 정확히 예측하기 위해서는 해양의 실시간 현장 관측 정보가 반드시 필요했지만, 태풍이 북위 30도를 지나 우리나라에 상륙하기까지의 실제 관측 정보가 전혀 없는 상태였기 때문이다.

이런 상황에서 이어도 해역에 대한 관측의 중요성과 필요성을 끊임없이 제기했던 당시 한국해양연구원(현재 한국해양과학기술원)의 이동영 박사의 의견을 받아들여 정부는 전폭적으로 지원했고, 이어도 기지는 건설 사업을 시작한 지 8년 만인 2003년도 6월에 준공되었다.

이어도 기지는 태풍의 경로에 건설된 세계적으로도 매우 드문 해양과학기지이다. 따라서 이어도 기지는 완공 초기부터 지금까지 전 세계의 유명 해양학자와 기상학자들의 뜨거운 관심을 받고 있다. 2003년 준공 이후 이어도 기지는 태풍 '매미', '볼라벤', '곤파스', '무이파' 등 연간 수차례의 태풍을 견디면서 주요 태풍 정보를 실시간으로 제공하

▶▶ 우리나라에 영향을 주었던 주요 태풍의 경로(출처:소방방재청 재해재난연보)

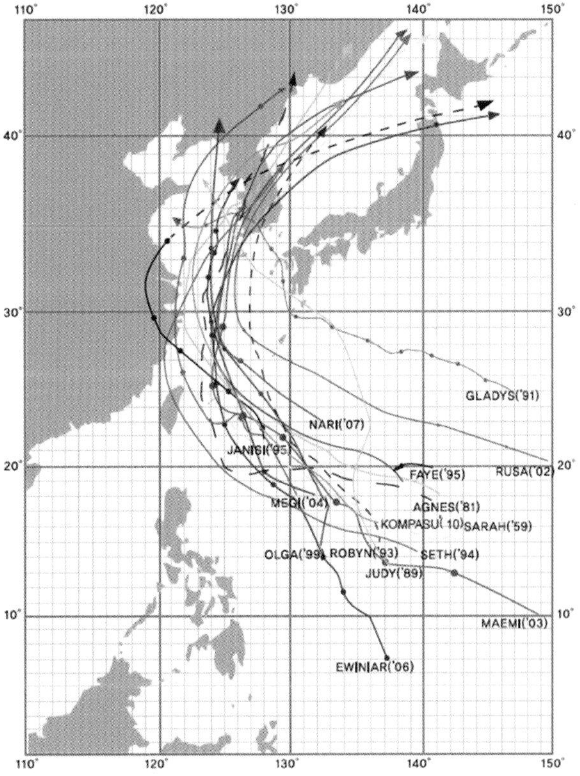

▶▶ 1) 태풍이 통과할 때 이어도 정봉에서 부서지는 파도
2, 3) 이어도 정봉은 수심이 낮아 주변보다 늘 높은 파도가 일어나는 것을 확인할 수 있다.

고 있다. 뿐만 아니라 동중국해에서 돌발적으로 발생하는 저기압에 대해서도 꾸준히 관련 정보를 생산함으로써 우리나라의 피해를 줄이는 데 기여하고 있다.

또한 이어도 해역은 동중국해의 중앙에 위치하고 있어 연중 수십만 척의 선박이 드나든다. 따라서 선박의 안전 항해와 어선의 안전 조업을 위해 등대 설치가 절실히 필요한 곳이다. 2010년 4월에는 실제로 석탄 운반선인 오리엔탈호프호가 이어도 정봉에 부딪쳐 침몰하는 사고가 발생했다. 이어도 기지가 건설된 이후 이어도에서 발생한 최초의 해양 사고였다. 그리고 이어도 해역은 우리나라, 중국, 일본의 대형 조업장이 형성되어 수산학적으로도 어황(물고기의 종류, 크기, 어획량 따위의 변동 상태)과 해황(바닷물의 온도나 비중, 염분, 파도, 흐르는 속도 따위 바다의 여러 가지 물리적 형편) 예보가 필요한 곳이기도 하다.

이어도 해역은 수중 암초라 표층에 어류의 먹이인 플랑크톤 등이 풍족하여 어족자원이 풍부하다. 그래서 연중 어로 활동이 매우 활발하게 이루어지고 있지만, 중국 어선들이 대부분이다. 중국 어선들은 저인망 · 주낙 · 통발 등을 이용하여 이어도 주변 해역의 볼락 · 장어 · 돔 등을 잡는데, 이어도 해역에서 잡히는 어류 개체들은 연안에 비해 크기가 무척 크다. 이어도 기지에서 연구원들이 여가로 낚시할 때도 연안에서는 보기 드문 큰 개체의 돌돔과 볼락 등이 심심치 않게 잡히는데, 이 개체들은 힘든 기지에서의 생활에 연구원들이 피로와 스트레스를 해소할 수 있는 좋은 방편이기도 하다.

이렇듯 이어도 근처 해역에 어족자원이 풍부하지만, 우리나라의 어선들은 최근 이어도 해역까지 고기잡이에 나서지 않는다. 이어도 해역에서의 어로활동은 중국 어선들의 차지가 된 지 오래이다. 우리나라 어선들은 왜 이어도 해역에서 활동하지 않을까? 그 까닭은 우리나라 연안에 어족자원이 비교적 풍부하여 비싼 유류비를 들여서 먼 이어도 해역까지 나갈 필요가 없고, 잡는 어업에서 기르는 어업으로 수산업의 개념이 바뀌고 있기 때문이다. 반면, 중국 어선들은 중국 연안에 어족자원량이 매우 부족하고 경쟁 또한 몹시 치열하여 중국 대륙에서 멀리 떨어진 이어도 해역까지 진출하여 고기를 잡을 수밖에 없다.

이어도 기지에서 주변 해역을 둘러보면 온통 중국 어선이다. 어로활동을 하는 크고 작은 중국 어선 수십 척에 둘러싸인 이어도 기지는 마치 홀로 선 거인이 우리의 바다를 지키고 있는 듯한 모습이다. 3000톤급 해경 경비함이 늘 이어도 기지 근처 해역에서 이어도 기지물과 이를 관리하고 연구하는 인원들의 안전을 지키고 있다. 국제법상 해양구조물 반경 500미터 안에 접근하는 것을 금지하는데, 물고기들을 따라 들어온 중국 어선들은 이어도 기지 바로 아래까지 와서 그물을 치고 물고기들을 끌어올린다. 중국 어선들이 설치한 어구(낚시, 통발, 그물 등)들이 기지에 설치된 해양 관측 장비에 피해를 주는 경우도 많아 우리 해경은 이어도 기지 근처까지 오는 중국 어선들의 접근을 막고 있다.

1

2

3

▶▶ 1) 이어도 기지에 설치된 등대
2) 이어도 기지 보트 랜딩까지 접근해서 주낙을 설치하는 소형 중국 어선
3) 이어도 해역에서 조피볼락, 장어 등, 중국 연안에서는 잡기 힘든 큰 어류들을 잡을 수 있다.

▶▶ 이어도 해역을 지나는 대형 선박들

▶▶ 이어도 정봉에 위태롭게 좌초되어 있는 석탄 운반선 '오리엔탈호프' 호

▶▶ 이어도 정봉에 위태롭게 좌초되어 있는 석탄 운반선. 태풍이 지난 후
배의 선미가 분리되어 침몰하고 선수 부분만 남아 있는 '오리엔탈호프' 호

▶▶ 이어도 기지 주변에서 조업 중인 중국 어선

▶▶ 이어도 주변 해역을 지키는 대한민국 해경 함정 3002호

▶▶ 이어도 기지에 근거리로 선박이 접근하면 해경 경비함이 경고를 하여 일정 거리를 유지하도록 지도한다.

▲ 이어도 해역에 나타난 중국 관공선

◀ 이어도 기지에 접근한 소형 중국 어선들의 어구를 철수시키기 위해 우리 해경 경비함에서 단정을 내려 어구를 철수할 때까지 지도하는 모습이다. 어구(낚시, 통발, 그물 등)가 손상되어 바다에 떠다니면 주변 해역의 해양생태계뿐만 아니라 기지 관측장비에도 피해를 주기 때문에 해경의 이런 지원활동은 이어도 기지 운영에 큰 도움을 준다.

이어도 해역은 북상하는 쿠로시오 해류, 남하하는 황해 냉수, 그리고 중국 대륙의 연안수의 영향을 받는다. 이어도 해역은 계절에 따라 각 해류의 특성과 영향 정도가 다르기 때문에 해양 환경의 변화가 연중 다양하게 나타나며, 우리나라의 해양 환경과 기상 예측에 영향을 미치는 주요 현상들을 관측하고 연구하는 데 좋은 여건을 가지고 있다.

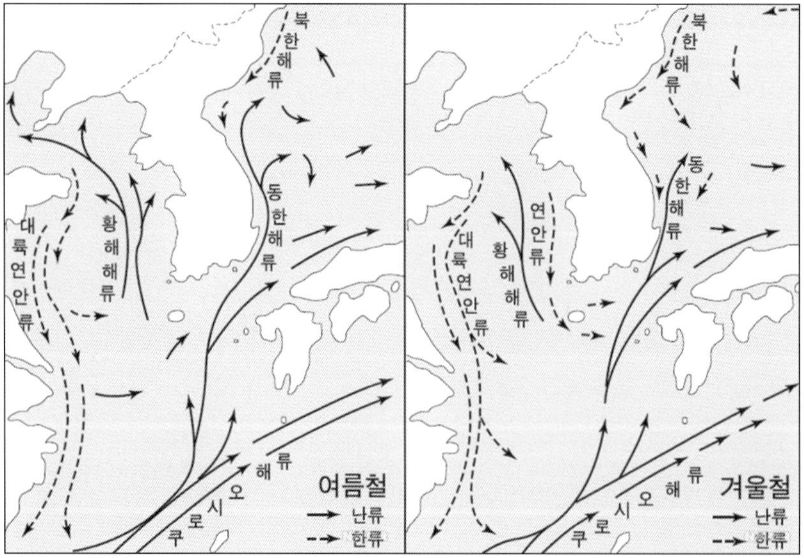


▶▶ 동중국해의 복잡한 해양 환경에 속해 있는 이어도 해역 (출처: 네이버 학생백과)

+ 망망대해에 우뚝 서다

이어도 기지는 해양 구조물을 이용한 해양과학기지이다. 우리가 흔히 알고 있는 석유와 가스 시추선과 비슷하다고 생각하면 이해가 쉽다. 하지만 대규모 해양 시추선에 비해 규모는 작은 편이다. 보통 시추선은 무게가 수만 톤 이상이지만 이어도 기지는 약 3천 톤 정도이다.

일반적으로 해양 구조물의 건설은 '타당성 조사 → 환경 조사 → 설계조건 계산 → 기본 및 실시 설계 → 구조물 제작 → 현장 설치 → 운영'의 과정을 거친다. 이어도 기지는 망망대해에 건설된 해양 구조물이기 때문에 설치할 곳의 해역의 바람은 얼마나 강하게 불며, 파도는 얼마나 높으며,

▶▶ 산하 컨덴세이트Sanha condensate(Chevron, 출처 : 대우조선해양)

해류는 얼마나 강한지, 그리고 지진은 얼마나 크게 발생하는지에 대해 정확히 알아야 한다. 이를 해양 구조물 설계를 위한 '설계조건'이라고 하는데, 이런 기초적인 정보들이 있어야 해양과학기지를 얼마나 견고하게 할지, 재료를 무엇을 쓰고, 높이는 얼마나 할지를 판단할 수 있다. 해양과학기지와 같은 해양 구조물은 제작하고 설치하는 데 엄청난 비용이 들어가기 때문에 무턱대고 크고 튼튼하게 지을 수 없으며, 예산을 질김한다고 약하게 만들면 일바 지나지 않아 파손될 수도 있어 설계조건을 정확히 아는 것이 매우 중요하다.

설계조건과 더불어 해양 구조물의 설계에서 매우 중요한 요소는 해저 지반의 상태이다. 해저 지반은 기지 구조물이 100년 동안 서 있을 기초이므로, 지반 상태를 정확히 파악하는 것은 곧 해양과학기지의 수명을 결정하는 것과 같다. 집을 지을 때에도 땅을 파서 지반 상태가 어떤지 확인해야 하듯이, 해저 지반의 암반, 퇴적층, 모래, 진흙 등이 어떻게 구성되었는지에 따라 해양 구조물의 건설 공법에도 많은 차이가 있으며, 이어도 기지처럼 철골 구조물로 건설되는 경우에도 해저 지반의 조건에 따라 세부적인 공법의 변화가 필요하다. 따라서 이어도 기지와 가거초 기지의 공법은 사뭇 다르다.

한국해양연구원에서는 1995년부터 이어도 해역에 대해 현장조사를 실시하여 기지가 들어설 최적의 장소를 찾아 나섰다. 이후 1997년에 해양관측 부이를 설치하여 기지를 설계하기 위한 환경 조건을 조사했다. 해양관측 부이의 관측 결과는 현재와 과거의 이어도 해역에 관한 정보이므로 해양수치 모델을 이용하여 이어도 기지가 앞으로 100년 동안 겪게 될 파랑과 바람, 유속 등을 통계적으로 예측했다. 이렇게 계산한 결과, 이어도 기지는 최대파고 24.6미터, 순간 최대풍속 75.5m/s, 유속은 2.3m/s 이상을 견뎌내야 하는 것으로 확인되었다. 다시 말해, 이어도 기지를 설계하고 제작할 때 100년 동안 위와 같은 파도와 바람, 유속 등에도 견딜 수 있도록 해야 한다는 것을 의미한다. 위의 설계 요소 중 가장 큰 영향을 주는 것은 파랑이다. 그래서 파랑의 영향을 고려하여 최대파고를 감안하여 설계를 하는 것이 일반적이나. 최내파고는 유의파에 1.83을 곱한 값으로 사용한다. 따라서 이어도 기지는 가능한 모든 위험조건에 대비하여 안정성을 확보했다.

▶▶ 해양수산부 이어도 등부표(1987년). 이어도 해역에서 '이어도'라는 명칭을 가진 최초의 시설물이다.

1997년 9월에 이어도 해저 지층을 천부지층淺部地層 탐사기를 사용하여 조사한 결과, 이어도 기지를 건설하기에 적합한 암반인 것으로 확인되었다. 이듬해인 1998년에 해저 지반 조사가 추가로 이루어졌다. 전년도에 해저 지층을 조사했지만 이어도 기지의 안정성을 보다 확실히 하기 위해서였다. 해저 지반 조사 전용선을 빌려 해저 51.4미터까지 구멍을 뚫어 해저 지반 샘플을 채취했다. 그런데 해저 지반 조사 결과, 이어도 해역의 해저 지반은 단단한 암반이 아니었다. 표층 약 1.5미터 정도만 응회암으로 되어 있었을 뿐, 그 아래는 모래와 점토로 된 퇴적층이었다. 이 퇴적층은 겉은 딱딱하지만 속은 말랑말랑한 초코파이와 같았다. 지반 조건이 전년도에 예상했던 것보다 약했기 때문에 하부 구조물을 설치할 때 해저 지반에 좀 더 견고히 설치할 수 있도록 해야 했다. 이에 따라 보조 파일인 스커트 파일Skirt Pile 공법이 제안되었다. 이는 기존 파일 4개 외에 파일 4개를 덧붙이는 공법이다.

이러한 과정을 거쳐 이어도 해역의 해양 환경에 맞춘 설계가 이루어졌다. 하지만 설계된 이어도 기지 구조물이 실제로 도출된 해양 환경을 견딜 수 있을지에 대해서는 확인이 필요했다. 이어도 기지는 평탄한 해저가 아닌 주변 수심보

▶▶ 왼쪽/ 이어도 해역 종합해양관측 부이(1997년)
오른쪽/ 이어도 해역 파랑관측 부이(1997년)

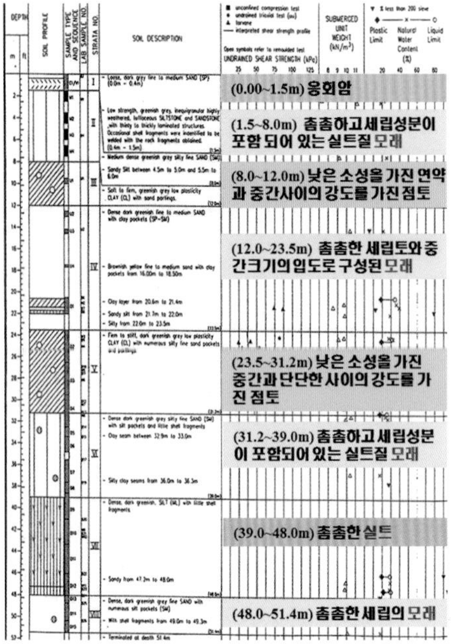


▶▶ 이어도 해저 보링 주상도(柱狀圖, 지층의 순서, 두께, 종류 등의 관계를 표시한 기둥 모양의 단면도)

다 상대적으로 얕은 수심에 건설되기 때문에 해저지형의 영향으로 이어도 기지에 미치는 파랑의 힘이 바뀔 수도 있다는 우려에서였다.

이런 이유에서 이어도 기지 구조물의 축소 모형으로 그 영향을 실험하기로 결정했고, 한국건설기술연구원의 대형 수조에서 축소 실험이 진행되었다. 이어도 기지는 설계도에 따라 실제 크기의 1/120로 모형을 제작되었고, 이어도 해역의 수심도에 맞추어 해저지형을 정확히 만들었다. 이어도 모형에 각종 센서를 설치해서 설계대로 이어도 기지가 건설될 때 각 부분에 미치는 파도의 영향을 면밀히 검토했다. 이와 더불어 여러 방향에서 파도가 밀려올 때 이어도 기지 주변에서 파도가 어떻게 바뀌는지 관찰했다. 그 결과, 이어도 모형에서 가장 높은 해저지형, 다시 말해 이어도 정봉에서는 높은 파도가 밀려올 때 파도가 항상 부서졌으며, 물 밖으로 그 모습을 드러냈다. 축소 모형실험에서 전설 속의 이어도의 존재가 확인되는 순간이었다. 축소 모형실험 결과, 이어도 기지는 이어도 해역의 파도를 잘 반영하여 설계한 것으로 확인되었다.

이렇게 해양구조물에 작용하는 아주 큰 힘인 파랑에 대한 영향 분석이 마무리되었다. 하지만 파랑 못지않게 이어도 기지의 안정성을 검토하는 데 중요한 힘은 바람이었다. 수면 위로 35.9미터에 이르는 이어도 기지는 여러 층의 구조

로 되어 있을 뿐만 아니라, 기지 중심에서 밖으로 튀어나온 헬리데크(Helideck, 헬리콥터 착륙장)도 있어 바람의 영향을 많이 받는 형태이다. 이렇게 받는 바람의 힘은 일종의 중량으로, 이를 '풍하중(風荷重, wind load)'이라고 한다. 이런 풍하중을 정확히 해야만 이어도 기지가 받는 힘들에 대해 안정성이 보장될 수 있다. 2001년 5월 현대건설기술연구소에서 이어도 기지에 대한 풍동(風洞, wind tunnel, 인공적으로 공기가 흐르도록 만든 장치) 실험을 실시했다. 1/80의 축소 비율로 이어도 기지 모형을 만들어 실험했는데 이는 해양구조물에 대한 최초의 풍동 실험이었다. 풍동 실험 결과, 이어도 기지의 일부분은 설계를 보강할 필요가 있는 것으로 나타났지

▶▶ 1) 이어도 기지의 지반을 조사했던 시추선(M/V Kan 407)
2) 이어도 기지에 대한 축소모형 실험을 위해 해저지형을 만드는 작업
3) 이어도 기지 설계조건에 따라 파랑을 재현하는 모습

▶▶ 1) 이어도 기지 구조물 안정성 검토를 위한 수리모형 실험
2) 풍동 실험을 위해 제작된 이어도 기지 모형
3, 4) 이어도 기지 안정성 검토를 위한 풍동 실험

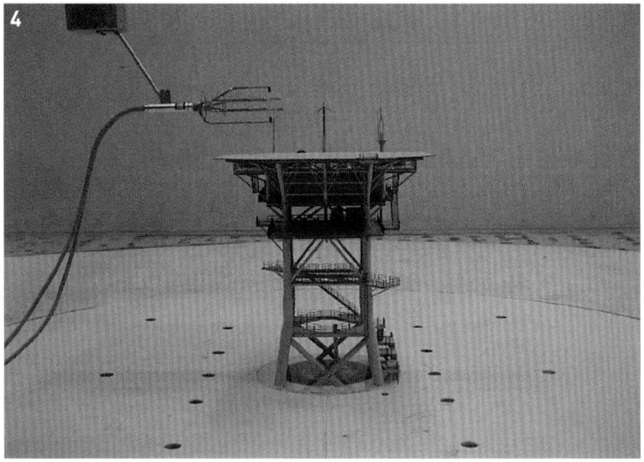

만, 이어도 기지의 주요 구조적인 측면에서는 안정성이 충분히 반영되었음이 확인되었다.

이로써 이어도 기지의 설계 결과에 따라 이어도 해역의 높은 파도와 거센 비바람에도 충분히 견딜 수 있는 해양 구조물을 만들 수 있게 되었다.

이어도 기지의 안정성을 갖추기 위한 이론적인 토대와 축소실험을 바탕으로  본격적인 이어도 기지 제작에 들어갔다. 이어도 기지는 재킷Jacket 공법의 해양 구조물로, 이 공법은 일반적으로 해저 바닥에 고정되는 하부 구조물과 그 위에 올리는 상부 구조물로 나뉜다. 당연히 제작 과정도 분리된 공정에 따라 진행되는데, 2001년 8월부터 2002년 9월까지 1년여 동안 울산의 현대중공업에서 이어도 기지의 상부 구조물인 데크 부분을, 목포 현대삼호중공업에서는 하부 구조물인 재킷을 제작했다.

약 1년여의 제작 기간을 거쳐 2002년 9월 30일, 이어도 기지 하부 구조물인 재킷이 완성되어 전라남도 목포에서 이어도 해역으로 먼저 출발했다. 10월 2일 이어도 기지 설치 현장에 도착한 재킷은 잔잔한 해상 상태에서 GPS 시스템으로 정확한 위치에 내려졌다. 이어도 기지의 재킷 방향 오차는 계획된 오차 범위 1° 이내로 맞추었고, 수평 설계 오차 범위도 맞추어 재킷을 설치했다.

▶▶ 1) 이어도 기지 구조물 제작을 위한 자재 입고와 검사
2) 이어도 기지의 상부 데크 구조물을 제작하는 모습
3) 이어도 기지의 하부 재킷 구조물을 제작하는 모습

▶▶ 1) 상부 데크 구조물에 헬리데크를 설치하기 위한 공정
2) 대형 크레인을 이용하여 헬리데크를 들어올린 후 그 상태로 상부 데크 구조물에 용접하여 조립한다.

▶▶ 1) 헬리데크를 설치함으로써 상부 데크 구조물에 대한 조립 과정이 마무리된다.
2) 완성된 상부 데크 구조물

▶▶ 1) 이어도 기지 하부 재킷 구조물 선적
2) 이어도 기지 설치 현장으로 하부 재킷 구조물 운송
3) 이어도 기지 하부 재킷 구조물을 바지선에서 하역하기 위한 작업을 하고 있는 두 대의 크레인 선박
4) 이어도 기지 하부 재킷 구조물을 크레인으로 들어 올리는 공정

1

2

▶▶ 1) 하부 재킷 구조물을 똑바로 세우기 위해 상부를 크레인으로 걸어 들어 올리는 공정
2) 똑바로 세워진 하부 재킷 구조물. 이 상태에서 기지의 방향을 정확히 맞추는 작업이 진행된다.

1

2

3

▶▶ 1) 하부 재킷 구조물을 해저에 고정시키기 위한 파일을 삽입하고 항타하는 공정
2) 파일을 항타하는 데 투입된 항타기
3) 이어도 기지 하부 재킷 구조물을 해저에 고정시키는 파일을 항타하는 모습
4) 이어도 기지 하부 재킷 구조물의 항타를 끝낸 모습
5) 이어도 기지 하부 구조물의 보트 접안시설과 수직전환부 설치

1

2

▶▶ 1) 이어도 기지 상부 데크 구조물을 운송바지선으로 선적하는 모습
2) 이어도 기지 상부 데크 구조물을 운송바지선에 선적한 모습
3) 이어도 기지 상부 데크 구조물을 하부 재킷 구조물에 결합하기 위한 공정 데크 구조물을 크레인으로 들어올린 상태에서 데크 설치 작업이 8시간 동안 진행되었다.

3

하부구조물을 설치한 지 6개월 만인 2003년 4월에 이어도 기지의 상부인 데크가 울산항에서 이어도를 향해 출발했다. 데크 설치 작업은 이어도 기지 설치 작업 중에서 가장 난이도가 높을 뿐만 아니라 위험한 작업이었다. 8시간에 걸친 노력 끝에 드디어 재킷 위에 데크를 결합하는 데 성공했다. 당시 작업선 여기저기에서 환호성이 터져 나왔다. 이는

▶▶ 위/ 연결 부위를 용접하여 상하부 구조물의 결합을 견고하게 하는 공정
아래/ 상하부 구조물이 모두 결합되어 이어도 기지는 비로소 완성된 형태를 갖추게 되었다.

거칠고 무뚝뚝한 뱃사람들에게도 위험하고 힘들었던 큰 공사 과정이 성공적으로 마무리된 것에 대한 자연스러운 반응이었다.
무게는 약 3400톤이며, 전체 높이는 25층짜리 아파트에 버금가는 77미터에 이르고, 수면 위로 약 36미터 정도 드러나 있다. 면적이 1345제곱미터(407평)인 기지에는 현재 36종 68점의 첨단 관측장비가 설치되어 해양과 기상, 그리고 여러 환경 요소들을 연속적으로 관측하여 실시간으로 정보를 전송한다. 전력은 주로 태양광발전으로 생산하며, 보조 전력 생산을 위해 풍력과 디젤 발전기를 운용하고 있다.

▶▶ 이어도 종합해양과학기지의 안전기원제(2003년 5월 22일)
이어도 기지와 이어도 기지를 방문하는 사람들의 안전을 기원하고 있다.

▶▶ 완공된 이어도 기지 전경

▶▶ 해경헬기가 이어도 기지에 도착하는 모습

▶▶ 이어도 기지에서 현장 연구를 위해 연구원들이 소형 보트를 타고 이동하고 있다.

▶▶ 이어도 기지 헬리데크 아래 윈치에 보트를 걸어, 기지 위로 올려 안전하게 보트를 보관할 수 있다.

▶▶ 이어도 기지의 전력 생산을 위한 태양광발전 패널

▶▶ 위/ 이어도 기지의 헬리데크에 착륙한 해경헬기. 제주도에서 이어도 기지까지 약 1시간 정도 걸린다.
아래/ 망망대해 한가운데 우뚝 서 있는 이어도 기지

▶▶ 안개 속에서 모습을 드러낸 이어도 해양과학기지

# 생명의 보금자리가 되다
## _ 가거초 해양과학기지

### + 가거도와 가거초

서해는 한반도의 기상 상태가 최종적으로 결정되는 해역이기 때문에 정확한 해양 상태와 기상 상태를 예측하려면 신뢰도 높은 관측 정보가 필요하다. 가거초는 지난날 소흑산도라고 부르던 가거도에서 남서쪽으로 약 47킬로미터 떨어진 해상에 위치하고 있으며, 서해남부 해상에 대한 주요 해양 정보와 기상 정보를 제공하기에 적합한 해역으로 선정되어 해양과학기지 건설이 추진되었다.

가거도 남서쪽으로 약 47킬로미터 떨어진 암반에 건설된 가거초 기지는 2007년 10월에 착공하여 2009년 10월 준공되었다. 가거초는 수중 암초로, 북서쪽에서 남동쪽으로 뻗은 해저산맥의 형상이며 북서에서 남동으로 약 3.3킬로미터, 남서에서 북동으로 약 0.9킬로미터에 이른다. 총면적은 약 1.7제곱킬로미터이다. 암초 정상 수심은 7.8미터이며 가거초를 둘러싼 주변 해역의 수심은 75미터 정도이다.

가거초는 오랫동안 '일향초'라고 불렸다. 1927년 3월 29일 일본 군함 '일향日向'이 항해하던 중에 암초에 충돌한 사건이 벌어지자 같은 해 8월 14일에 정밀조사가 실시되었고, 이후 이 암초는 충돌한 군함의 이름을 따서 '일향초'라고

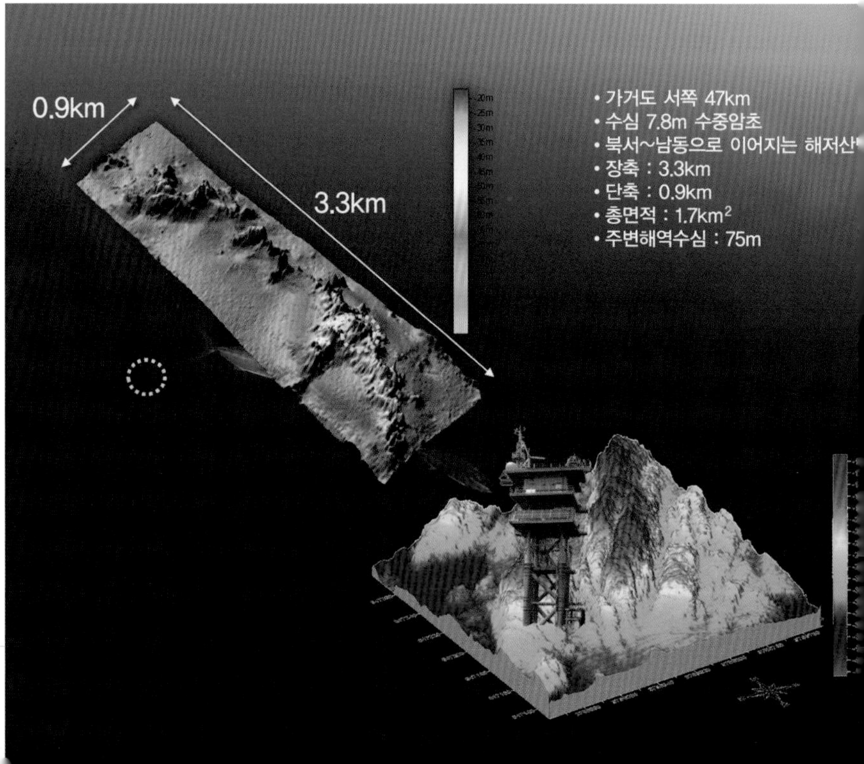


▶▶ 왼쪽/ 가거초 해양과학기지와 이어도 해양과학기지의 위치
오른쪽/ 가거초 해저지형과 가거초 기지의 설치 지점

불리게 되었다. 1991년 9월, 흑산도 서부 일대에 대한 한미 합동 수로 측량에서 국립해양조사원은 이 암초의 가장 얕은 수심이 7.8미터라고 밝혔다. 이후 국립해양조사원 해양지명위원회에서는 지명 변경 심의확정에서 '일향초'로 불리던 이 암초를 '가거초'로 변경하여 관보고시(2006년 12월 29일)했다.

**+ 아름다운 생명의 보고, 가거초 기지**

가거초 기지는 수심 15미터에 설치되어 있다. 이어도 기지가 41미터 수심에 설치된 것에 비하면 매우 낮은 수심이다. 가거초는 북서에서 남동으로 쭉 뻗은 해저산맥 형태의 암

▶▶ 위/ 가거초 기지의 수중구조물을 어초 삼아 서식하고 있는 돌돔 떼
아래/ 가거초 기지 수중에 서식하는 방어 떼

초로 깊은 바다에서부터 영양염(식물플랑크톤의 먹이가 되는 규산염, 인산염, 질산염, 아질산염 등의 총칭)이 풍부하게 공급되어 일차 생산력이 높아 많은 해양생물들이 서식하고 있다. 수중 암초는 많은 해양생물이 서식하는 공간을 제공하는데, 낡아서 못 쓰게 된 선박들을 인공 암초로 활용하기 위해 바다 속으로 가라앉히는 경우도 많다. 가거초 기지도 시간이 지날수록 많은 수중생물들이 머무는 안식처가 되고 있다.

▶▶ 가거초에 서식하는 해면. 그 위로 가거초 기지의 하부 구조물이 보인다.

+ 가거초 기지의 건설 과정

가거초 기지는 이어도 기지와 마찬가지로 하부 구조물과 상부 구조물로 이루어졌으며 육상 제작장에서 제작되었다. 해양구조물의 안정성은 각 부재들의 결합 품질에 따라 결정되기 때문에 주요 자재들의 용접과 접합 부위에 방사선 투과시험과 초음파 탐사시험을 적용하여 용접 품질을 철저히 관리했다.

▶▶ 가거초 해양과학기지 제작 전경. 하부 구조물(위)과 상부 구조물(아래)

가거초 기지는 이어도 기지의 건설에서 얻은 다양한 기술 방법들을 반영하여 더 우수한 성능을 갖춘 해양과학기지로 구축했다. 부식이 심한 해양 환경에서도 가거초 기지가 부식되지 않고 견딜 수 있도록 이어도 기지에 사용한 것과 같은 도료를 사용했다. 이 도료는 경제성과 내구성이 뛰어나고 유지 관리와 어패류 등의 침식에 강한 특징을 가지고 있다. 이 도료를 구조물에 입히는 작업을 도장시공이라고 하는데, 이 작업은 구조물을 하부 구조물, 상부 구조물(상), 상부 구조물(하)로 나누어 시행되었다.

기지에 설치된 디젤 발전기, 풍력발전기 등 기계장치는 제조공장에서 검사한 뒤 기지에 설치하고 나서, 다시 시운전 검사를 실시하는 등 철저하게 확인했다.

이어도 기지와 마찬가지로 가거초 기지도 상부와 하부 구조물을 각각 제작하여 설치 현장으로 옮겼다. 하지만 이어도 기지를 설치할 때 적용한 공법을 그대로 가거초 기지에 적용할 수는 없었다. 이어도 기지의 해저면과 달리 가거초는 해저면이 평탄하지 않았기 때문이다. 결과적으로 이어도 기지 건설과는 다른 새로운 공법 개발이 필요했다. 이렇게 개발된 것이 가설 구조물을 이용한 공법이었다.

이 공법을 간단히 설명하면, 가거초 기지를 설치할 해저바닥을 평탄하게 만든 다음 가설 구조물을 설치해서 가거초 기지의 네 개의 다리가 들어갈 구멍을 뚫은 뒤 가설 구조물을 들어내고 바로 그 자리에 가거초 기지를 끼워 넣는 방법이다. 먼저 전문 수중 다이버가 물속으로 들어가 울퉁불퉁

▶▶ 구조물 도장 전경. 왼쪽부터 상부 구조물(상), 상부 구조물(하), 그리고 하부 구조물

한 해저면을 다이너마이트와 바위에 구멍을 뚫는 착암기로 평평하게 다듬는다. 그리고 바지선의 크레인으로 가설 구조물을 평평하게 다듬은 해저면에 내려놓고, 와이어로프wire rope로 해저 바닥에 단단히 고정한다. 가설 구조물은 가거초 기지의 하부 구조물의 다리가 놓일 곳에 구멍만 뚫는 것으로 그 쓰임새가 끝나지만, 가거초 기지를 정확한 위치와 방위에 놓으려면 가설 구조물을 얼마나 정확히 설치하느냐에 성패가 달려 있어 매우 중요한 공정이다.

▶▶ 가설 구조물 제작 · 운반 · 설치

이후 가설 구조물 천공장치(RCD〔Reverse Circulation Drilling〕Machine)를 설치하여 가거초 기지의 하부 구조물 다리가 위치할 곳에 4개의 구멍을 각각 10미터씩 뚫었다. 이때 천공장치는 가설 구조물에 고정되기 때문에 구멍을 뚫을 때 안정성이 높으며, 가설 구조물은 시공이 끝난 뒤 거두어들여 재사용이 가능하므로 경제적으로도 효율성이 높다. 앞으로 가설 구조물을 이용한 암반 천공방법은 우리나라 해양의 악조건에서 안정적으로 해양 구조물을 설치할 때 활용도가 높을 것이다.

▶▶ 왼쪽/ 가거초 기지의 4개 파일이 들어갈 구멍을 굴착하기 위한 가설 구조물
오른쪽/ 천공장치를 이용한 해저면 굴착공사

가거초 해양과학기지 구조물을 설치하기 위해 육상에서 제작한 구조물은 가거초까지 육상 운반, 선적, 고박(구조물을 선박에 고정시키는 작업), 해상 운반의 순서로 운반된다. 애초에 해양과학기지는 가거초까지 해상 운반하여 해상에서 바로 구조물을 들어 올린 후 설치할 계획이었으나 해상 상태에 따라 매우 위험할 수도 있어 가거도 항에 구조물을 임시로 놓아 두었다가 보다 안전하게 설치하기로 했다.

▶▶ 가거초 기지 구조물 운반과 선적 작업

▶▶ 가거도 항에서 데크 구조물을 임시로 놓아두는 작업과 재킷 구조물을 들어 올리는 작업

기지의 하부 구조물 설치를 위해 가거도 항에서 해상 크레인으로 들어 올려 하부 구조물을 가거초까지 옮겼다. 이미 가설 구조물을 이용하여 구멍을 뚫어 놓은 뒤라 하부 구조물의 네 개의 다리 구멍을 맞추기 위해 수중에 잠수부를 보내 잠수부의 지시에 따라 크레인으로 하부 구조물을 해저에 정확하게 내려놓았다. 설치 결과 수직 방향 허용 오차 범위(10cm) 이내인 8센티미터에 들어와 계획한 위치에 놓는 데 성공했다. 이렇게 하부 구조물을 해저 바닥에 놓은 상태에서 가거초 암반과 하나로 하기 위해 콘크리트를 부어 고정시키는 작업이 곧바로 이어졌다(이를 그라우팅grouting이라고 한다).

▶▶ 하부 구조물 설치

▶▶ 재킷 구조물 내부 그라우팅 작업

다음으로 가거도 항에 임시로 놓아둔 상부 구조물을 들어 올려 가거초로 옮겨 하부 구조물 위에 올리면 기지 구조물 결합이 완성된다. 상하부 구조물을 결합하기 위해서는 해상 사태가 매우 좋아야 하는데, 결합하는 날은 때마침 바람이 잦고 파도가 잠잠한 날씨인데도 들어 올린 상부 구조물이 상하 좌우로 1~3미터 움직여 하부 구조물 위에 놓기가 쉽지 않았다. 상부 구조물 설치는 하부 구조물과 부딪쳐서 파손되거나 견인 와이어가 끊어질 우려가 있어 매우 위험한 작업이다. 상부 구조물의 흔들림과 여러 위험 요소를 감안하여 신중하게 약 4시간 동안 시도와 실패를 반복한 끝에 무사히 설치를 끝낼 수 있었다.

기지의 셀라 · 메인 · 루프 데크의 수직/수평 확인을 위한 레벨 측량 결과, 데크의 가장 끝 네 개 지점을 기준으로 평균 레벨 측량값이 1센티미터 이하로 측정되었고, 시방기준 허용 오차인 수평면에서 반경 10센티미터 이내를 만족하는 것으로 확인되었다. 이후 상부와 하부 구조물의 이음 용접과 육상에서 시험을 거친 각종 설비와 관측장비를 설치함으로써 모든 설치 공사가 마무리되었다.

▶▶ 상부 구조물 설치

▶▶ 완공된 가거초 기지의 전경

▶▶ 위/ 가거초 기지에 부착된 명판
아래/ 준공 후 가거초 기지에 대한 소개를 하고 있는 심재설 박사(가거초 기지 건설 총괄 책임자)

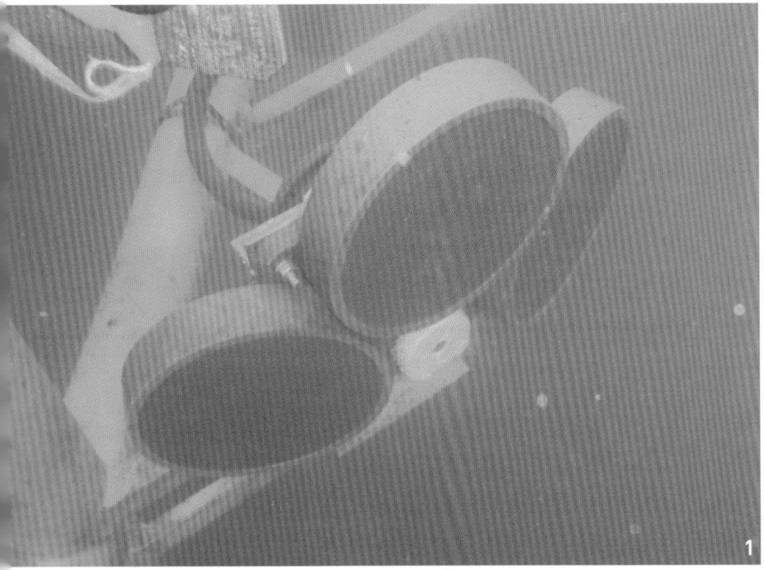

▶▶ 1) 해류 관측을 위한 수중 관측장비(H-ADCP)
2) 다이버가 수중 관측장비를 설치하는 작업을 하고 있다.
3) 가거초 기지 수중 관측장비 설치와 점검을 위해 다이버가 하강하고 있다.
4) 가거초 기지 수중에 설치된 수온 · 염분 관측장비

▶▶ 위/ 가거초 기지 기상탑에 기상 관측장비를 설치하는 모습
아래/ 가거초 기지에는 기본적인 기상 관측장비뿐만 아니라 태풍과 같은 강한 바람에도 관측할 수 있는 첨단 관측장비들이 설치되어 있다.

▶▶ 위/ 가거초 기지의 기상 관측을 위한 탑과 등대, 그리고 밑의 흰색 둥근 장비는 통신을 위한 위성 안테나이다.
아래/ 가거초 기지 관측장비의 전송 시스템을 점검하고 있는 모습

▶▶ 가거초 기지의 제어실. 제어실 모니터로 가거초 기지의 주요 부분의 CCTV 영상을 볼 수 있다.

# 03
# 해양과학기지에서의 **연구 활동과 생활**

해양에서 발생하는 현상들은 변화무쌍하다. 따라서 크고 작은 피해를 줄이기 위해서는 이런 현상들에 대해 지속적으로 관측하고 어떻게 바뀌어 가는지를 알아야 한다. 이런 측면에서 해양과학기지는 변화의 현장에서 현미경처럼 세세하게 해양 정보를 제공하는 최적의 연구 시설이다. 이곳에서 어떤 연구를 하는지, 그리고 등대처럼 서 있는 이곳에서 연구원들이 어떻게 생활하는지 살펴보는 것도 색다른 즐거움일 것이다.

# 해양과학기지의 역할과 연구 활동

앞에서 우리나라뿐만 아니라 세계 각국에서도 필요에 따라 다양한 해양관측탑을 건설하여 운영하고 있음을 소개했다. 대다수의 해양관측탑들은 해안에서 그리 멀지 않은 연안에 건설되었고, 바람이나 파도가 강하지 않은 비교적 안정적인 해양 환경이다. 하지만 우리나라 해양과학기지는 해마다 수차례 태풍을 견뎌내야 하는 험악한 해양 환경에, 육지에서도 100킬로미터 이상 멀리 떨어져 있어 해양과학기지를 관리하는 데에 많은 노력이 필요하다. 따라서 이러한 열악한 환경을 견뎌내는 만큼 그 가치는 외국의 해양관측탑보다 매우 높다고 할 수 있다. 그동안 관측하기 쉽지 않았던 태풍 관측 자료가 대표적이다. 이런 측면에서 우리나라의 해양과학기지들은 "위험이 높은 만큼 수익이 높다(high-risk, high return)"라는 원리가 적용되는 대표적인 사례이다.

해양에서 발생하는 여러 현상들은 수 개월에서 수 년, 수십 년의 기간 동안 조금씩 변화한다. 변화하는 동안에는 잘 알아차릴 수 없고, 어느 정도 변화가 진행되고 나서야 알 수 있는 것이 특징이다. 그래서 해양 환경의 변화는 연속적이고 장기적으로 지켜봐야만 파악할 수 있으며, 변화에 대비하기 위한 준비도 필요하다.

해양과학기지는 열악한 해양 환경을 이겨내고 적어도 50년 이상을 관측할 수 있게, 그리고 관리만 잘하면 100년은 거뜬히 견뎌낼 수 있게 계획하고 설계한다. 이렇게 해야 우리나라에서 발생하는 해양과 관련한 여러 현상들을 오랜 기간 동안 관측하는 역할을 할 수 있다.

우리나라는 지구온난화로 대표되는 전 지구적인 환경 변화의 영향을 많이 받는 곳 가운데 하나이다. 해수면과 해수온의 상승률도 높고, 바다에서 잡히는 수산물의 종류도 바뀌

▶▶ 왼쪽/ 이어도 기지와 주변 해역의 주요 해양 및 기상 관측 요소
오른쪽/ 가거초 기지와 주변해역의 주요 해양 및 기상 관측 요소

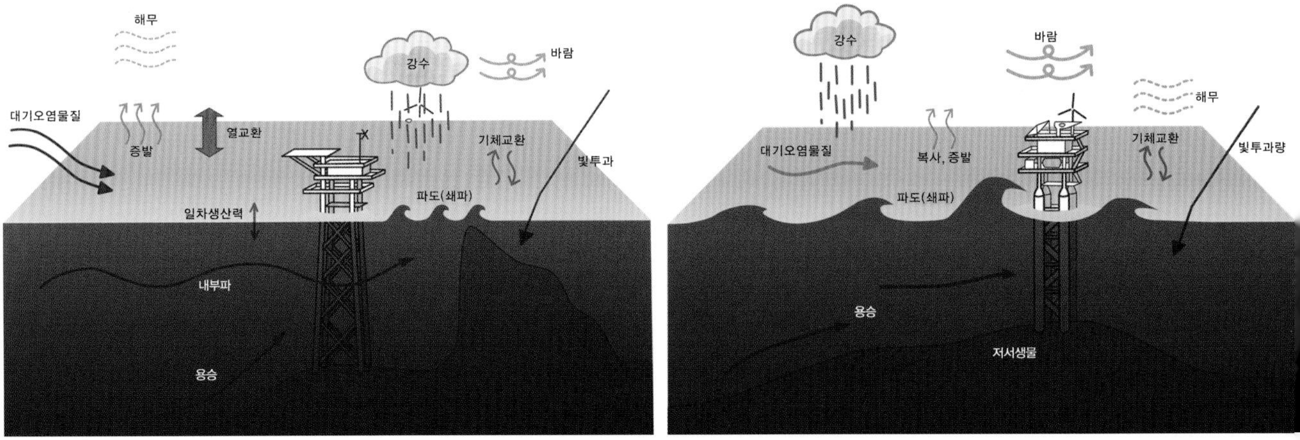

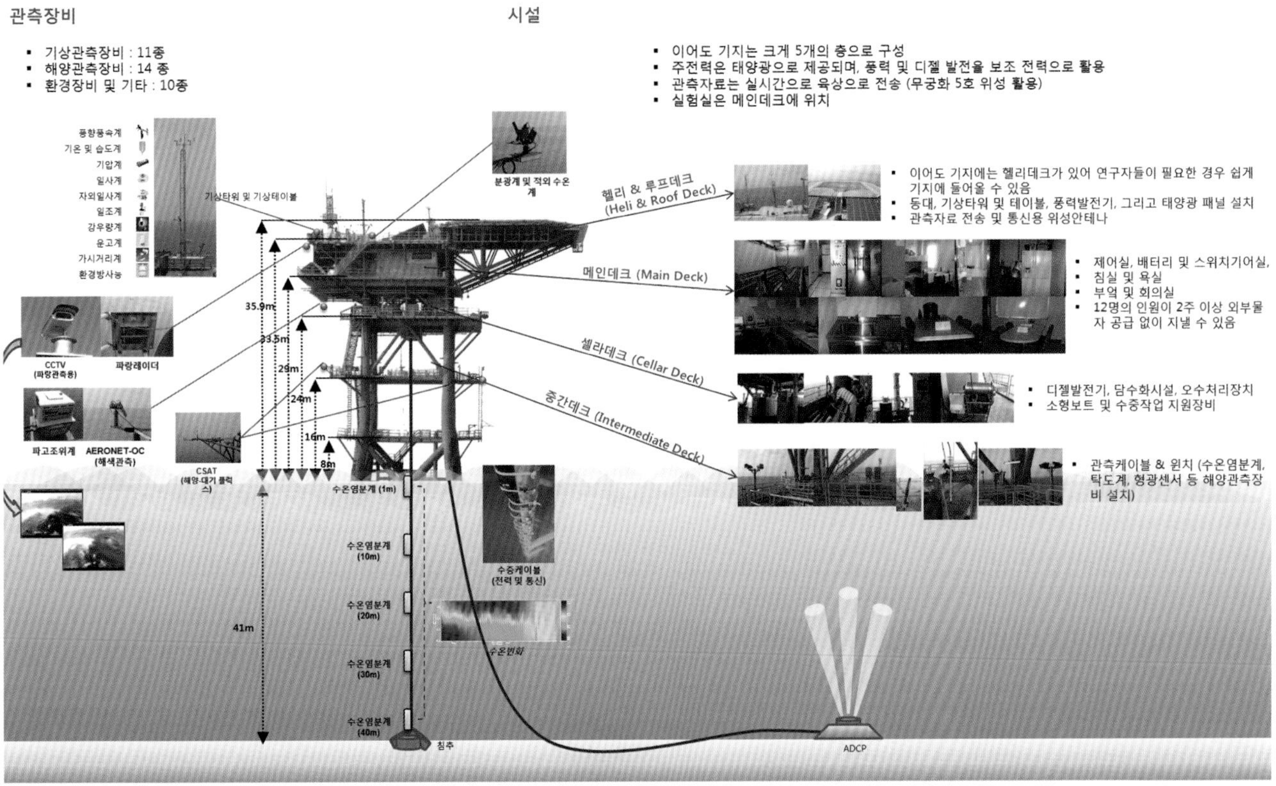


▶▶ 이어도 기지의 층별 연구 시설과 설비, 그리고 각종 관측장비 모식도

고 있으며, 태풍은 점점 강해져 피해가 갈수록 커질 것이라고 예측되고 있다. 여름철 휴가를 보내는 해수욕장의 모래밭이 깎여 나간다는 뉴스를 종종 접하기도 한다. 파도가 잔잔하다가 갑자기 높아지면서 방파제나 갯바위를 덮쳐 사람들이 피해를 입는 일도 벌어진다. 알 수 없는 이유로 느닷없이 발생하는 까닭에 이를 이상고파異常高波라고 한다.

아직 우리는 해양에서 발생하는 현상들에 대해 알아야 할 부분들이 많으며, 크고 작은 피해를 줄이기 위해서는 이런 현상들에 대해 지속적으로 관측하여 그 변화를 계속 감시해야 한다. 이런 측면에서 해양과학기지는 변화의 현장에서 현미경처럼 세세하게 해양 정보를 제공하는 최적의 시설이라고 할 수 있다. 해양과학기지는 100년 동안 열악한 해양 환경을 견뎌내며 우리에게 필요한 해양 정보를 제공해 줄 것이다.

1 가속도계
Accelerometer
가속도, 속도, 변위

2 Flux 측정장치
3D Sonic Anemometer
난류측정(3차원 바람)

3 풍향 · 풍속계
Wind Monitor
풍향, 풍속

4 온도 · 습도계
Humidity & Temperature Gauge
기온, 습도

5 일조계
Sunshine Duration Meter
일조시간

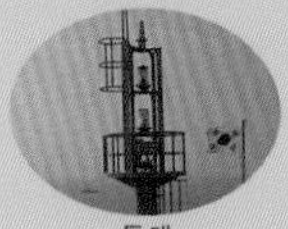

6 등 대
Light House
등 대

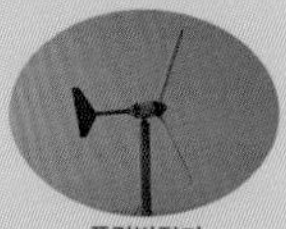

7 풍력발전기
Wind Power Generator
주전원공급

8 일사계
Pyranometer
일사량

9 자외일사계
UV-B Radiometer
자외선

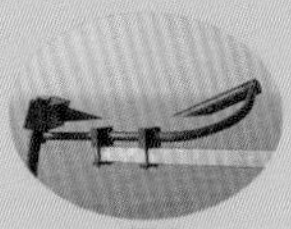

10 시정계
Present Weather Detector
가시거리, 강우강도

11 스펙트로 레디오메터
Ocean Colour Radiometer System
대기 및 해양 분광량

12 Wave Radar
Directional Wave and Surface Current Radar System
파고, 주기, 파향,
스펙트럼, 표층유속

13 강우계
Rain Gauge
강우량

14 경사계
Inclinometer
구조물의 경사도

15 소화설비
Fire Extinguisher
화재진압

16 VSAT 안테나
VSAT Antenna
위성통신

17 태양전지판
Solar Panel
주전원공급

18 Sea Level Monitor
Wave and Sea Level Sensor
조위, 파랑

19 자동사다리
Auto Ladder
도난방지

20 오수처리시설
Sewage Disposal Facilities
오수정화

21 디젤 발전기
Diesel Generator
보조전원공급

22 정수시설
Water Purifier System
식수공급

23 CTD 윈치
CTD Winch
CTD, 채수기 관측용

24 풍속계
Anemometer
풍 속

25 차세대 초음파 조위계
High Quality Sea Level Monitor
조 위

## 수중장비 Under Water Instruments

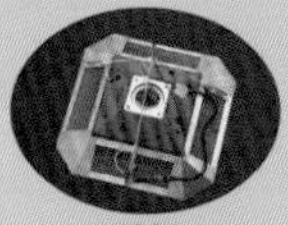

26 ADCP
Acoustic Doppler Current Profilers
층별유속, 파고

27 수질측정기
Multiparameter Environmental Monitoring Systems
탁도, 염분, DO,
pH, 클로로필 등

28 유속계
Open water Current Meter (3D)
층별유속

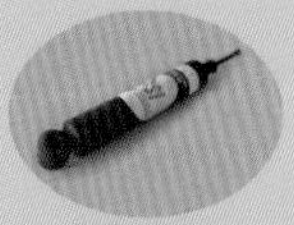

29 수온 · 염분계
Conductivity & Temperature Sensor
수온, 염분

30 수중용 초음파 파고계
Ultrasonic Level Gauge
조위, 파고

▶▶ 이어도 해양과학기지에 설치된 관측장비

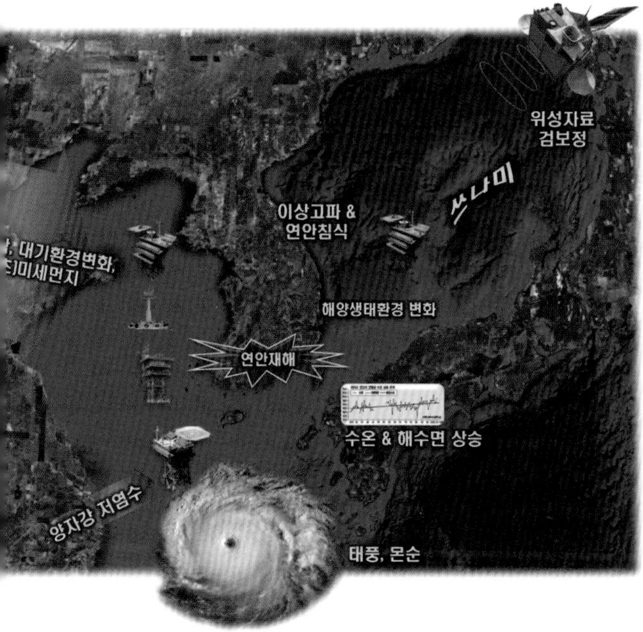

▶▶ 왼쪽/ 우리나라 해양과학기지의 위치와 해양의 주요 현안
오른쪽/ 해양과학기지를 활용하여 수행 중인 여러 연구들

**+ 태풍 모니터링**

이어도와 가거초 기지가 건설된 이후, 기지에서 생산된 수많은 해양 정보와 기상 정보는 기상청 등 해양 정보가 필요한 기관으로 전송되어 예보를 위한 기초자료와 해양의 다양한 현상을 이해하기 위한 기초자료로 활용하고 있다. 그중에서도 가장 중요한 역할은 우리나라로 북상하는 태풍의 길목에서 미리 태풍의 정보를 파악하여 육상으로 전달하는 것이라고 할 수 있다. 태풍이 지나간 뒤에는 태풍이 실제 지녔던 위력에 대한 정보를 제공하여 또 다른 태풍에 관한 예측과 예보를 정확히 할 수 있도록 도움을 준다.

과거에는 태풍을 예측하기 위해 기상 정보에만 의존했으나 해양도 태풍의 발달에 큰 영향을 준다는 사실이 밝혀지면서 해양 정보 또한 매우 중요하게 되었다. 하지만 해양 정보를 얻기 위해 해양에 설치한 부이 등이 태풍의 강한 바람과 파도를 견디지 못하고 정보를 제공하기도 전에 파괴되는 경우가 많았다. 반면, 해저에 고정된 해양과학기지는 태풍이 기지를 지나는 동안에도 관측할 수 있어 매우 중요한 정보를 제공할 수 있다.

이어도 기지의 준공 직후인 2003년 9월, 지금까지 우리나라에 영향을 준 태풍 중에서 가장 강력한 태풍인 '매미'가 발생했다. 이어도 기지의 역할을 제대로 확인할 수 있는 기회였지만, 이때는 준공 직후라 기지 시스템이 완전히 안정되지 않은 상태였고, 기지 운영요원들이 기지 시스템에 적응해 나가는 단계에서 기지 전체 시스템이 중단되는 상황이 발생했다. 태양광과 풍력 발전량이 줄어들면 보조 전력인 디젤 발전기가 가동되어야 하는데 제때에 가동되지 못해 기지가 멈춰 버린 것이었다. 기지 운영요원들은 이어도 기지를 정상화하기 위해 태풍이 접근하면서 점점 거칠어지는 높은 파도를 뚫고 이어도 기지로 들어가 모든 시스템을 정상화하는 데 성공했다. 태풍이 내습하기 불과 6시간 전의 일이었다.

이렇게 관측된 태풍 '매미'의 실제 관측 정보는 기상청 등의 관련 기관에 전달되어 태풍의 위력을 사전에 파악하는 데 중요한 역할을 해냈다. 당시 이어도 기지에서 관측된 태풍의 순간최대풍속은 초속 35미터, 시속으로 환산하면 약 126킬로미터에 이르렀고, 최대파고는 약 12미터였다.

▶▶ 이어도 기지는 해양-대기의 상호작용, 태풍 역학에 관한 연구 수행에 최적의 조건을 갖추고 있다.
왼쪽은 해양 대기 플럭스 관측장비, 오른쪽은 해양 기상 관측장비이다.

▶▶ 위/ 이어도 기지에 설치된 KBS 재난 방송용 카메라
아래/ 이어도 기지 주변 해역 관측을 위한 저고도 영상촬영장비(헬리카이트). 헬리카이트를 활용한 영상 촬영은 이어도 기지 주변 해역의 넓은 범위에서 발생하는 다양한 해양 현상을 파악하는 데 도움을 준다.

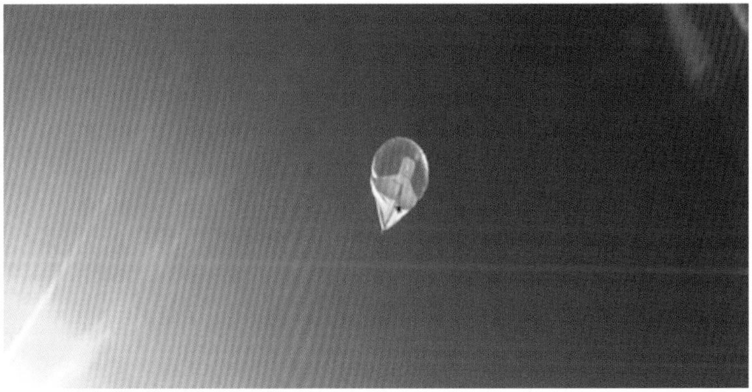

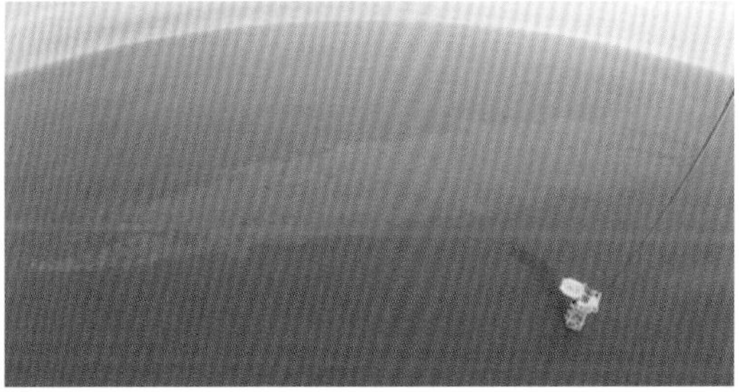

이후에도 해마다 수차례 태풍을 겪으면서 중요한 태풍 정보를 생산해내고 있다. 지금까지 이어도 기지에서 관측된 가장 강한 태풍의 위력은 2012년의 태풍 '볼라벤'이었다. 태풍 '볼라벤'의 중심부근이 이어도 기지를 통과하면서 최대풍속 초속 45.3미터, 최대파고 17.3미터까지 관측되었다. 그런데 당시 가거초 기지에서는 더욱 강한 바람이 관측되었는데, 최대풍속이 무려 초속 48.5미터에 이르렀다. 이는 시속 180킬로미터에 이르는 강풍이다.

해양과학기지에서 관측된 태풍은 관측정보로 활용될 뿐만 아니라 태풍에 의한 파도와 바람의 실제 영상도 방송카메라를 통해 육상으로 전송된다. KBS는 2006년 이어도 기지에 재난 방송용 카메라를 설치하여 운용 중에 있다.

우리나라는 매년 태풍 피해를 겪고 있어 태풍의 위력과 예상 경로를 사전에 정확하게 예측하는 것이 중요하다. 해양과학기지는 이러한 정보를 지원한다는 점에서 또 하나의 귀중한 해양자원이라고 할 수 있다.

▶▶ 이어도 기지에 접안 중인 국립해양조사원의 해양과학기지 전용선 '해양누리호'

## + 환경 변화의 장기 모니터링

해양의 주요 요소는 수온 · 염분 · 해류 · 조석 등이며, 주로 해양의 물리적인 요소로서 지구 전체의 에너지 순환과 관련되어 있다. 해수온과 해수면의 상승, 해양 순환의 변화 등은 전 세계적으로 해양과 관련한 주요 쟁점이다. 한편, 해양의 일차 생산력, 산성도, 영양염 등은 해양의 물리적인 요소의 변동에 따라 영향을 받는 생태환경적인 요소라 할 수 있다. 우리가 해양을 연구하는 궁극적인 이유 가운데 하나는 이런 해양의 생태환경적인 요소의 변동이 우리의 삶에 어떤 영향을 주는지를 파악하는 것이다. 단순하게 생각하면, 이런 해양 환경 요소들의 변동은 곧 우리의 먹거리인 수자원과 밀접하게 관련되어 있기 때문이다. 그러나 이런 먹거리 수준에서 영향을 주는 것에 머물지는 않는다. 많은 연구 결과들에서 우리는 해양의 생화학적 요소 역시 해양의 여러 물리적인 현상과의 상호작용으로 다양한 환경 변화의 원인이 되고 있음을 알 수 있다.

특히 우리나라는 중국 대륙에서 발원한 수많은 환경 요소들의 영향을 받고 있다. 중국의 양쯔강은 세계에서 세 번째로 긴 강으로 장마 기간 동안 많은 담수(저염수)를 동중국해로 흘려보낸다. 동중국해로 배출된 저염수는 해류를 타고 제주도, 남해 그리고 동해까지 이동하는데 저염수가 퍼지면 우리나라 연안의 양식장에 많은 피해를 일으키게 된다. 뿐만 아니라 중국의 급속한 산업화에 따라 늘어난 블랙카본(검댕), 황, 질소 등의 유해물질이 포함된 미세먼지가 편서풍을 타고 우리나라로 이동한다. 이처럼 중국을 포함한 대륙에서 발생하는 각종 물질들의 이동과 그 영향을 파악하는 것이 우리에게는 매우 중요하다.

▶▶ 위/ 이어도 기지 제어실에서 위성전화로 통화하는 모습
아래/ 수온과 염분을 측정하는 장비를 이어도 기지의 관측 케이블에 설치한 후 수중으로 내리는 모습

해양과학기지는 우리나라 가장 서쪽에서 연중 지속적으로 샘플링을 하면서 여러 환경 요소들의 계절적 변화뿐만 아니라 장기적인 변동성도 확인할 수 있다.

또한 바람, 파도, 해양생물 등에서 발생하는 소음을 분석하여 주변 해양 환경을 분석하고, 응용기술을 개발하기도 한다. 해양과학기지 주변에서 끊임없이 해양 환경을 관측하여 기후 변화에 따라 우리 해양의 변화가 어느 정도 영향

▶▶ 가거초 기지 건설 이후 훼손된 수중 환경의 복원 모습. 건설 직후에 해양 저서생물 환경이 파괴되었으나 시간이 지나면서 점차 원래의 상태로 회복되고 있다.

을 받는지 확인하며, 이에 따라 해양의 생물 서식환경의 변화, 그리고 생물들의 종 조성이 어떻게 변화하는지에 대해서도 지속적으로 연구하고 있다.

해양과학기지 주변 해역에서 해양생물을 채집하여 항암제, 항균제 등을 개발하기 위한 신물질의 연구도 활발히 진행하고 있다. 이렇게 개발된 항암 또는 항균 활성물질의 이름에 '이어도', '가거초'를 포함하도록 하여 국제적으로 우리나라 고유 지명을 알리는 효과도 거두고 있다.

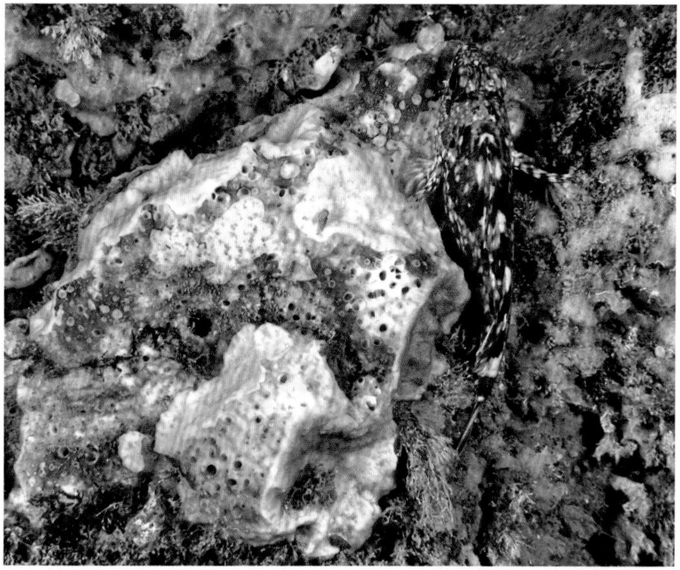

▶▶ 가거초 기지 해저 바닥의 해면류(위쪽은 넓적끈적해면, 아래쪽은 뇌산호끈적해면이다).
해면류를 이용하여 항균 · 항암 효과가 뛰어난 새로운 물질 추출에 관한 연구가 활발히 진행 중에 있다.

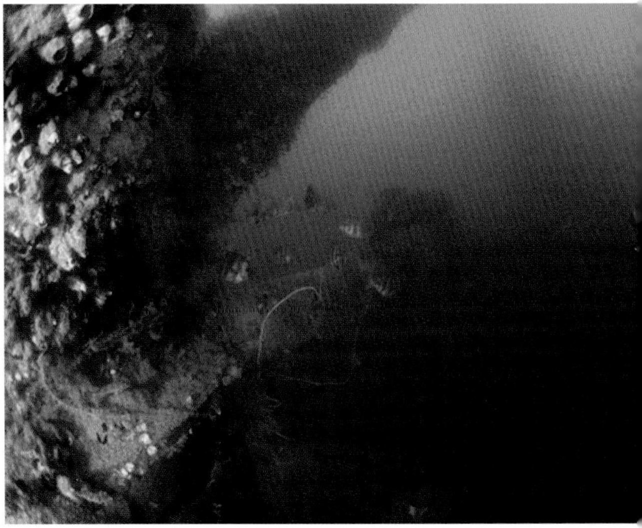

▲ 이어도 기지 수중에 서식하는 돌돔 떼. 수중 구조물에 부착하여 사는 홍합, 따개비 등은 돌돔이 가장 좋아하는 먹이이다.
◀ 이어도 기지에서 수온과 염분을 측정하는 모습

▶▶ 이어도 기지에서 해수와 플랑크톤을 샘플링하는 모습

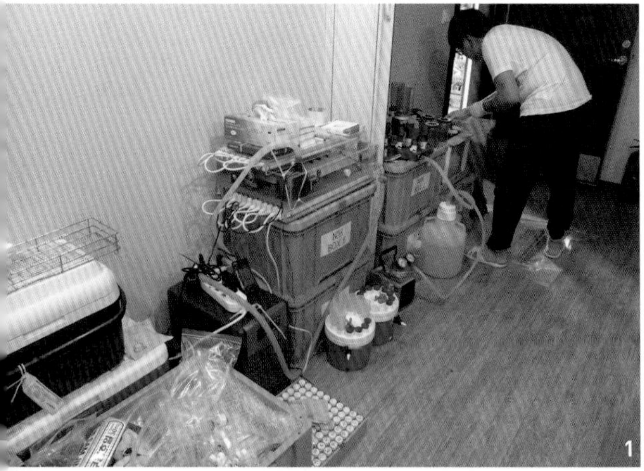

▶▶ 1), 2) 이어도 기지에서 샘플링한 해수에 포함된 식물플랑크톤을 연구원이 분석하고 있다. FlowCAM이라는 분석장비를 이용하면 플랑크톤의 크기, 형태 등을 현장에서 바로 확인할 수 있다.
3) 이어도 정봉에서 해양생물 샘플을 채취하는 다이버

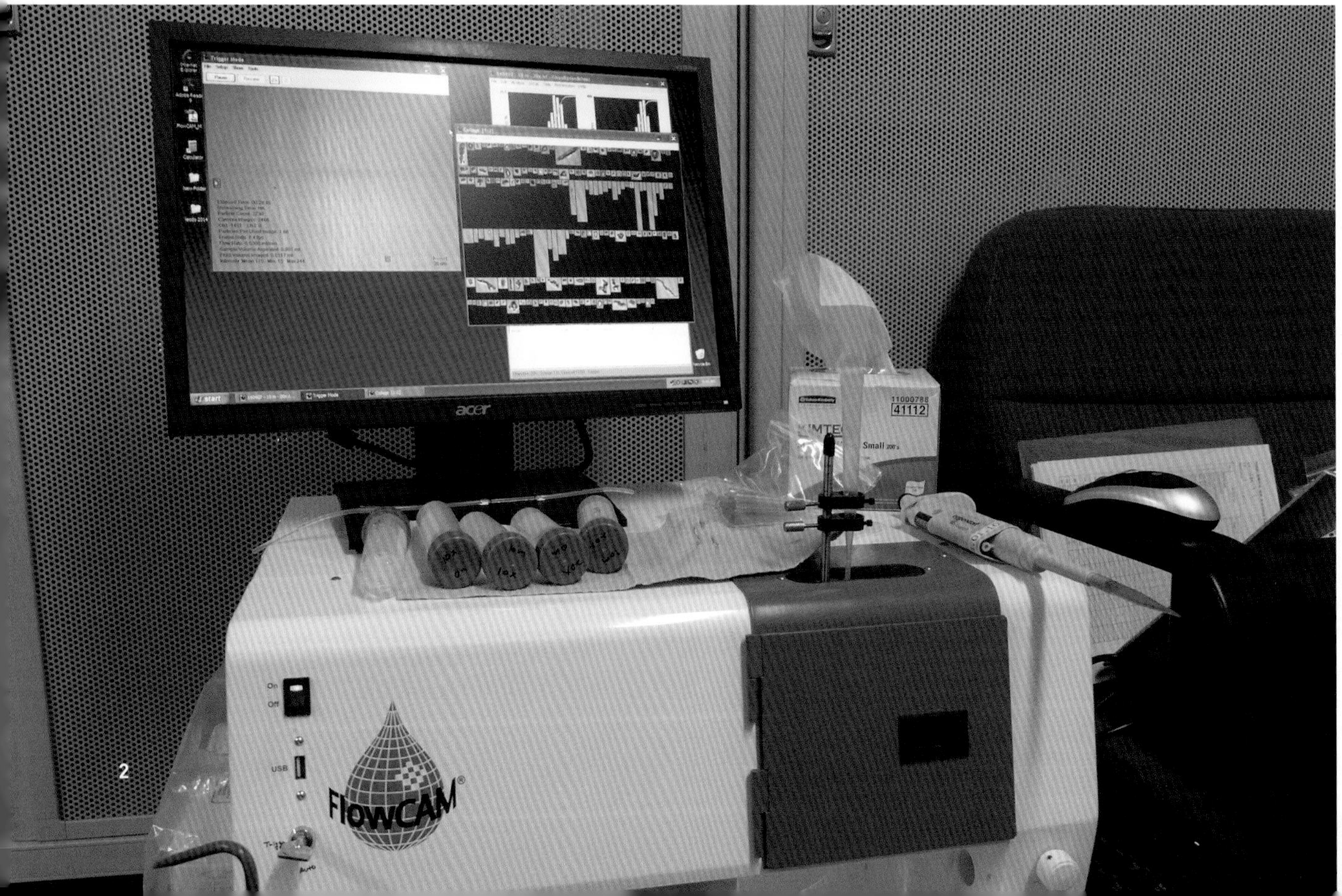

3

▶▶ 이어도 기지 중앙 관측용 케이블에 해류, 수온, 염분을 측정하기 위한
관측장비를 설치하는 모습

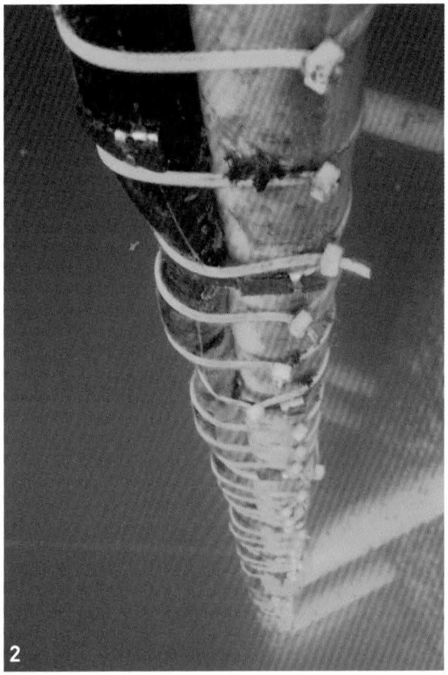


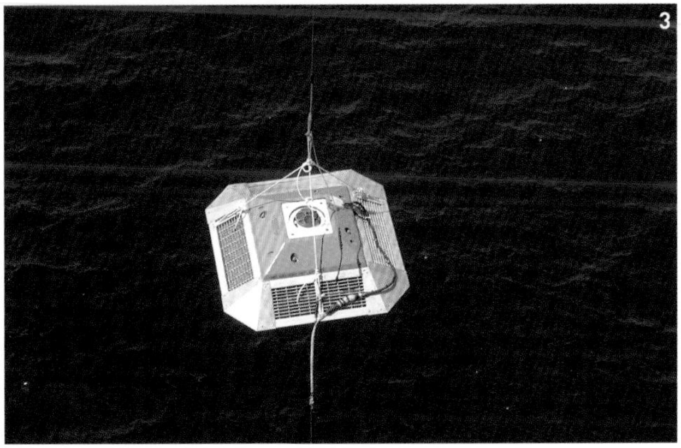

▶▶ 1), 2) 이어도 기지 수중에 있는 관측장비로 이어지는 케이블. 해류, 파도에 흔들려 끊어지지 않도록 촘촘하고 단단히 고정시킨다.
3) 이어도 기지 주변 해양의 해류를 관측하기 위한 관측장비(ADCP)를 설치하는 모습. 이어도 기지에는 관측장비를 설치하기 위한 전동 윈치가 설치되어 있다.
4) 이어도 기지에서 연구원들이 기상타워의 관측장비를 설치/점검 작업을 하고 있다.

▶▶ 이어도 기지에 날아온 비둘기 한 쌍. 이 한 쌍의 비둘기는 발목에 숫자 발찌를 차고 있는데 연구용으로 이용되는 비둘기로 추정된다. 먼 거리를 날아와서 지치고 배가 고픈 이 비둘기 한 쌍은 사람에 대한 경계심을 풀고 손바닥에 놓인 쌀알을 먹기도 하면서 한동안 이어도 기지에서 휴식을 취했다.

## 해양과학기지에서의 생활

현재 이어도 해양과학기지는 2007년 이후 국립해양조사원에서, 가거초 해양과학기지는 한국해양과학기술원에서 운영을 맡고 있다.

우리나라의 해양과학기지는 육지에서 100킬로미터 이상 떨어진 외해에 자리 잡고 있어, 기상이 좋지 않으면 2~3주 기지에 머무는 경우도 있다. 따라서 기지에 들어갈 때에는 만약의 상황에 대비해 비상식량까지 넉넉히 준비해야 한

▶▶ 이어도 기지 메인 데크의 복도. 메인 데크에는 2개의 침실과 욕실, 그리고 부엌, 회의실, 제어실, 배터리실 등, 이어도 기지에서 가장 중요한 시설이 모두 모여 있다.

다. 이어도 기지에는 해수 담수화 시설이 있기는 하지만, 특히 식수 확보는 매우 중요하기 때문에 물은 특별히 신경 써서 챙긴다.

이어도 기지는 8명의 연구원과 기술 인력이 2주 정도 머물 수 있도록 설계 · 건설되었고, 가거초 기지는 보다 작은 규모로 4명이 2주 정도 머물도록 설계 · 건설되었다.

▶▶ 1) 이어도 기지의 욕실과 화장실
2) 이어도 기지의 침실. 2개의 방에 각각 4개의 침대가 있다.
3) 이어도 기지의 부엌. 부엌 안쪽으로 부식창고가 있어 장기간 기지에 머무는 경우를 대비해 부식을 저장해 놓을 수 있게 했다.
4) 부엌에 이웃한 식당 겸 세미나실

1

2

3

4

▶▶ 이어도 기지에서 두뇌 역할을 하는 제어실. 이곳에서는 이어도 기지의
운영 현황을 점검하고, CCTV로 기지 곳곳의 실시간 영상을 확인할 수 있다.

▶▶ 해양과학기지 전용선인 국립해양조사원의 '해양누리'호. 해양누리호 취항 이전에는 제주에서 이어도 기지까지 6~7시간 정도 걸렸으나 지금은 4시간 정도로 크게 단축되었다.

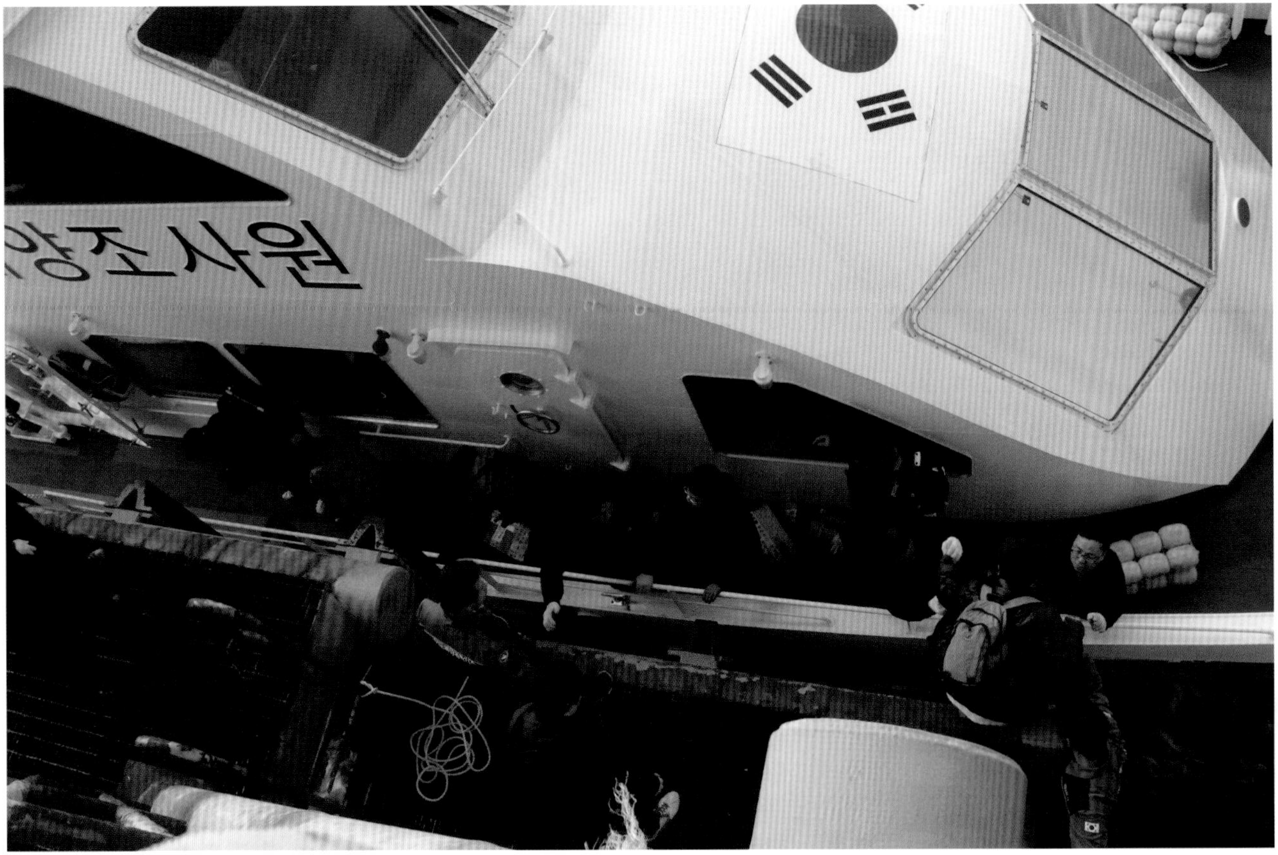

▶▶ 이어도 기지 전용선인 '해양누리호'가 기지에 접안한 뒤 연구원들이 하선하는 모습

▶▶ 이어도 기지에서 발생하는 쓰레기 등 모든 폐기물은 육상으로 다시 가지고 가서 처리한다.

▶▶ 가거초 기지의 주방과 욕실. 가거초 기지는 이어도 기지에 비해 규모가 4분의 1 정도이며,
많은 인원이 머물 수 없어 관련 시설들도 규모가 작은 편이다.
가거초 기지의 침실에는 4명이 쓸 수 있는 침대가 마련되어 있다.

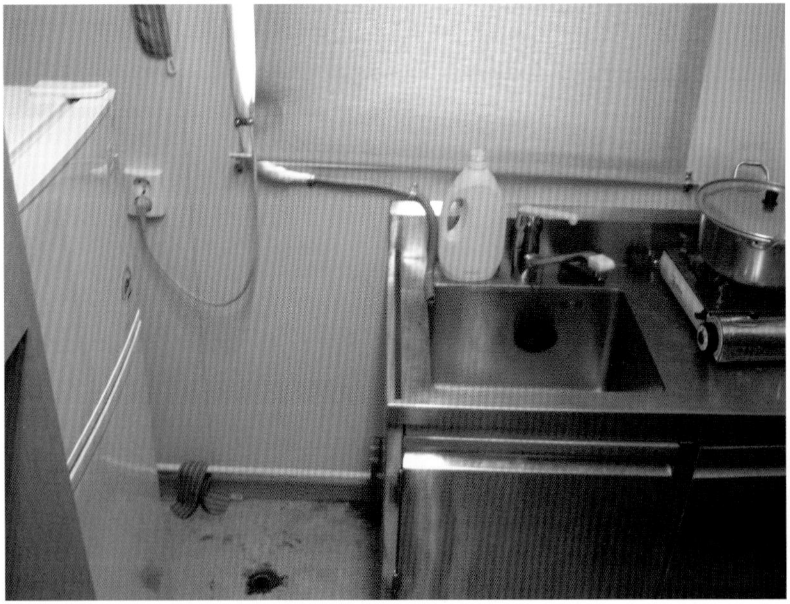

+ 전기는 어떻게 공급하는가?

바다 한가운데에서 생활하는 것은 육지에서처럼 모든 자원이 넉넉하지 않기 때문에 최적화된 시스템이 필요하다. 특히 전기가 중요한데, 육지에서 전기를 끌어 쓸 수 없는 까닭에 해양과학기지에는 자체적으로 전기를 생산하는 시설이 설치되어 있다.

바다에서 가장 흔한 에너지는 바람과 파도, 그리고 태양에너지이다. 이 중에서 파도 에너지를 활용하는 것은 거대한 구조물이 필요하기 때문에 해양과학기지에 적용하기에는 기술적으로 적합하지 않다. 우리 해양과학기지들은 풍력과 태양에너지를 이용하여 자체 전력을 만들어 사용한다. 하지만 풍력과 태양에너지는 기상 상태에 따라 생산하는 전력량의 차이가 크고, 한꺼번에 많은 에너지를 사용해야 하는 경우도 있어 디젤 발전기를 보조 발전 수단으로 활용하여 안정적으로 기지의 전력을 공급하고 있다.

해양과학기지의 전력 공급은 주 전원장치인 태양광과 풍력발전 시스템에서 생산된 전력을 전력 수요가 있는 곳에 직접 공급하고, 남은 전력은 축전지에 저장하여 야간 또는 발전량이 부족한 경우 활용한다. 발전량이 아주 부족한 경우에는 디젤 발전기를 가동하여 전력을 생산한다.

일반적으로 일사량이 많고 일조시간이 긴 여름철에는 태양광발전으로 낮 시간 동안 비축해둔 전력만으로도 충분하지만, 구름이 많이 끼거나 일사량과 일조시간이 줄어드는 겨울철이 가까울수록 태양광만으로는 해양과학기지에서 필요한 전력을 충당하지 못한다. 이어도 기지의 경우, 85KW 용량의 디젤 발전기 2기가 전체 기지의 전력 부하를 부담할 수 있도록 설계되어 있다.

▶▶ 이어도 기지에 설치된 풍력발전기

▶▶ 이어도 기지의 전력 주 공급원인 태양광발전기

▶▶ 위/ 이어도 기지 셀라데크에 설치된 2대의 디젤 발전기
아래/ 이어도 기지의 메인데크에 위치한 배터리실

이어도 기지의 태양광발전 시스템은 설계 당시에는 64W급의 패널을 약 120개 설치하여 전체 발전용량을 17.9KW로 했다. 하지만 전력 사용량이 늘어나는 데 비해 발전효율은 줄어듦에 따라 기지 운영기관인 국립해양조사원에서 태양광발전 패널을 추가로 설치하여 기지에서 필요한 전력을 친환경적으로 생산해내고 있다. 태양광발전 패널은 설치 방향에 따라 발전효율에 큰 차이가 있어 가장 많은 양의 태양광을 받을 수 있는 남쪽을 향해 설치해야 한다. 따라서 태양광발전 패널의 방향을 보면 해양과학기지에서의 방위도 알 수 있다.

풍력발전 시스템은 태양광발전을 할 수 없는 밤 시간대에도 계속 발전을 할 수 있다는 것이 매우 큰 장점이다. 하지만 풍력발전은 기지 구조물에 지속적으로 진동을 주고, 특히 태풍이 상륙하여 바람이 강한 경우에 풍력발전기의 날개(블레이드)가 파손되는 경우도 잦아 현재 이어도 기지에서는 운영하지 않고 있다. 이어도 기지에는 당초에 7.5KW 용량의 풍력발전 시스템이 설치되어 운용되었다.

이처럼 해양과학기지에서 생산되는 주 전력 공급원은 태양광과 풍력인데, 해양과 기상 조건에 따라 발전량이 매우 불규칙하다는 단점이 있다. 날씨가 맑더라도 안개가 낄 수도 있고, 바람이 부는 날이라 하더라도 바람이 너무 강해 발전 조건을 넘어서는 경우도 있다. 그래서 발전량이 많은 날에는 전력을 저장해뒀다가 발전량이 적은 날에 쓸 수 있도록 축전 시스템이 필요하다. 이어도 기지의 경우 축전지 용량은 기지에 3일간 전력을 공급할 수 있도록 2,200AH×2조가 설치되어 모두 4,400AH의 전력을 저장할 수 있도록 되어 있다.

전기는 생산하는 것도 중요하지만 효율적으로 사용하는 것 또한 중요하다. 이에 따라 해양과학기지의 모든 장비는 같은 기능의 장비 중에서 가장 에너지 효율이 높은 것을 선택하여 설치했다.

▶▶ 이어도 기지의 메인데크에 설치된 이산화탄소 소화시설

**+ 화재가 발생한다면?**

화재는 멀리 항해하는 선박들과 석유 시추선 등 고립된 구조물 안에서는 두려운 사고 중의 하나이다. 바다로 뛰어드는 것 외에는 대피할 곳이 없기 때문이다. 그래서 화재를 예방하고 진압하기 위해 필요한 시설을 갖추고 훈련과 교육을 반복한다. 해양과학기지도 마찬가지이다. 많은 장비

와 시설이 설치되어 있고, 늘 바닷바람에 노출되어 있어 노후 정도가 육지보다 빨리 진행되는 탓에 언제나 누전과 가스 폭발 등의 화재 위험이 도사리고 있다. 해양과학기지는 이런 위험에서 기지와 연구원들의 안전을 지키기 위한 화재감지와 진압 시스템이 작동하고 있다.

화재감지 시스템은 연기 감지기, 열 감지기, 가스 감지기, 경보 장치 등으로 구성된다. 연기 감지기는 해양과학기지에서 밀폐된 공간과 메인데크의 거주 시설에 주로 설치된

▶▶ 위/ 이어도 기지의 루프데크에 설치된 이산화탄소 소화시설
아래/ 이어도 기지에 설치된 빗물정수시설. 현재는 해수 담수화 시설로 교체되어 사용하지 않는다.

다. 열 감지기는 주방에 설치되어 조리과정에서 발생하는 화재를 감시한다. 가스 감지기는 배터리실에 설치되어 배터리에서 발생하는 가연성 가스를 감지하도록 되어 있다. 이렇게 화재가 감지되면 자동 · 수동 화재 진압 시스템이 작동한다.

해양과학기지의 화재진압 시스템은 화학분말 스키드, 휴대용 소화기로 되어 있다. 제어실control room, 공조설비실 HVAC lab, 개폐기실switchgear room에는 기지의 주요 장치들이 있어 액상 용제로 화재를 진압할 수가 없다. 이 시설들은 물이 닿으면 바로 고장이 나기 때문에 이산화탄소$CO_2$를 이용하여 불을 끈다. 디젤 발전기가 설치된 셀라데크cellar deck에는 스프링클러가 화재를 감지하는 즉시 물을 뿜어 화재를 진압한다.

▶▶ 왼쪽/ 이어도 기지의 루프 데크에 설치된 빗물저장탱크
오른쪽/ 이어도 기지의 해수 담수화 시설

+ 물은 어떻게 공급하나?

인간 생존에 필수적인 물 또한 해양과학기지에서 생활하려면 반드시 자체적으로 확보해야 하는 자원이다. 이어도 기지의 경우 초기에는 빗물을 받아 저장한 뒤 정수시설을 거쳐 생활용수로 활용했다. 하지만 빗물저장탱크의 빗물이 새들의 배설물 등으로 오염되어 생활용수로 사용하기가 어렵게 되어 현재는 빗물정화시설은 사용하지 않고, 대신 해수 담수화 시설을 설치하여 기지 생활에 필요한 물을 공급하고 있다.

+ 해양과학기지에도 해적이? _ 보안 대책

우리나라의 해양과학기지는 육지에서 100여 킬로미터 넘게 떨어진 망망대해에 자리 잡고 있어 기지의 유지 · 보수 인원, 연구원 등이 방문하지 않는 기간에는 무인으로 운영된다. 따라서 보안 대책을 잘 갖추어야 한다. 특히 이어도 기지는 우리나라, 중국, 일본의 어로 활동에 영향을 받는 해역에 위치하고 있기 때문에 다양한 방법으로 기지의 보안을 유지하고 있다.

▶▶ 왼쪽/ 중국어, 영어, 일본어, 한국어의 4개 국어로 제작된 기지 출입금지 경고판
오른쪽/ 이어도 기지에 설치된 침입금지 경고 방송스피커

+ 해양과학기지에서 사고가 난다면? _ 안전시설

해양과학기지는 관리 여부에 따라 적어도 50년 이상, 100년까지 견딜 수 있도록 만들어졌지만 태풍, 화재, 대형 선박의 충돌 등 해상에서 발생할 수 있는 다양한 사고에서 완벽하게 자유로울 수 없다. 그래서 항해하는 선박처럼 인명구조를 위한 필수적인 안전용품을 갖춰 놓고 있다.

이어도 기지에는 화재 발생 등 유사시에 기지에 있는 인원이 신속하고 안전하게 탈출할 수 있도록 접근이 쉬운 메인데크Main deck와 기계실에 구명정이 각 1대씩 설치되어 있다.

▶▶ 왼쪽/ 이어도 기지에 설치된 보안 CCTV
오른쪽/ 이어도 기지에 설치된 구명정과 구명 튜브

# 04
# 해양의 **미래**를 함께하다

해양과학기지는 바다를 보는 현미경과 같다. 현미경은 망원경처럼 넓고 멀리 볼 수는 없지만, 앉은 자리에서 우리가 원하는 대상을 자세히 들여다볼 수 있다. 해양과학기지도 바다에서 일어나는 여러 가지 현상들을 다양한 관측장비들과 과학적 지식들을 총동원하여 탐구할 수 있는 시설이다. 100년을 내다보는 해양과학기지의 활용 범위는 이 분야를 연구하는 젊은 연구자들에게 무한한 가능성을 안겨줄 것이다.

서해는 편서풍을 타고 각종 해양 현상과 기상 현상, 대기 조성물질 등이 우리나라로 이어지기 때문에 우리에게는 관측 중요도가 매우 높은 곳이다. 그래서 이어도 기지를 계획하던 당시부터 서해에 해양과학기지를 활용한 해양 관측망을 구축하려는 계획이 있었다. 서해상에 해양 관측망이 구축되면, 최근 우리나라 주요 환경 쟁점으로 떠오른 중국발 미세먼지의 영향을 파악하는 데 큰 기여를 할 수 있을 것으로 기대된다.

그리고 동해는 태평양, 대서양 등 큰 해양들의 여러 특성들을 지니고 있는 독특한 바다이다. 이 때문에 많은 해양학자들은 동해를 큰 해양의 축소판으로 생각하고 동해를 이해하기 위해 많은 연구를 진행하고 있다. 일본, 러시아, 북한 등이 공유하고 있는 동해를 연구하기 위해서는 국가 간의 협력이 반드시 필요하다. 또한 동해는 수심이 깊고, 강한 계절풍과 이에 따른 높은 파도 등, 열악한 자연환경 조건도 해양기지의 건설을 위해서 풀어나가야 할 숙제이다. 따라서 우리가 중요하게 생각하는 곳인만큼, 만족스러운 관측과 연구를 하기 위해서는 많은 노력과 비용이 필요한 곳이기도 하다.

동해는 또 다른 측면에서 우리에게 중요한 곳이다. 독도가 동해에 자리 잡고 있기 때문이다. 독도는 일본이 자국의 영토라고 주장하는 우리의 섬이기에 그 중요성은 더 이상 설명할 필요조차 없다. 뿐만 아니라 과학적인 측면에서도 독도는 태평양의 하와이처럼 독특한 해양 환경을 형성하고 있으며, 난류와 한류가 만나는 극전선이 있기 때문에 연구 필요성이 높다.

독도 주변 해역은 동해의 해양과 기상에 따른 여러 조건들을 관측하기에 좋은 여건이며, 100미터 이내의 평탄한 해저

▶▶ 2014년까지 구축된 우리나라 해역의 해양 관측망

지형을 가지고 있어 해양과학기지를 건설하기에 좋은 입지 조건이다. 독도 해양과학기지가 완공되면 우리나라 남서단의 이어도 및 가거초 기지와 더불어 사실상 우리나라 주변 주요 해역에 대한 장기 해양 관측망이 구축된다. 다시 말해, 해양기지를 거점으로 한 한반도 전 해역이 커다란 해양 관측망을 형성하게 되는 것이다.

2014년 초를 기준으로 해양과학기지와 관측탑, 해양관측부이, 어장 관측소, 항로표지/잔교를 활용한 해양 관측 시스템, 조위/수위 관측소, 레이더 관측소 등을 합하면 약 190여 곳에 이른다. 이 정보들을 바탕으로 우리나라는 매년 되

풀이되는 태풍 등의 연안 재해와 해난 사고, 유류 오염, 수색 구조 등과 같은 해양의 현안을 대응하는 데 가장 필수적인 해양정보를 충분히 확보할 수 있게 되었다.

해양과학기지는 그중에서도 우리나라의 가장 외곽 해역에서 가장 먼저 정확하고 안정적인 해양정보를 생산해냄으로써 해양 재해와 재난에서 국민의 생명과 재산을 지키는 선봉장의 역할을 하게 될 것이다.

▶▶ 소청초 종합해양과학기지의 조감도

많은 예산과 노력을 들여가며 해양과학기지를 바다 한가운데에 설치하는 이유는 무엇일까? 그만한 가치가 있는 일일까? 알면 대비할 수 있다는 간단한 사실에서 해양과학기지의 가치를 찾을 수 있다. 다시 말해, 태풍 등에서 우리의 생명과 재산을 지켜내고, 불확실한 미래 해양의 변화상을 보다 정확히 예측하고 사전에 대비할 수 있는 지혜를 갖게 해준다.

해양과학기지는 바다를 보는 현미경과 같다. 현미경은 망원경처럼 넓고 멀리 볼 수는 없지만, 앉은 자리에서 원하는 대상을 자세히 들여다볼 수 있다. 해양과학기지도 해양에서 일어나는 여러 가지 현상들을 다양한 관측장비들과 과학적 지식들을 총동원하여 탐구할 수 있는 구조물이다. 해양과학기지를 건설한 주된 목적은 태풍 등 주요 해양기상을 감시하기 위한 것이지만, 그렇다고 여기에 국한되지는 않는다. 해양과학기지의 활용 범위는 다양한 학문 분야만큼이나 넓고 다양하다. 그리고 그것은 앞으로 이 책을 읽는 젊은 연구자들의 몫이 될 것이다.

이미 건설되어 운영 중인 이어도와 가거초 해양과학기지는 앞으로 수십 년 동안 그 기능과 역할을 수행할 것이다. 다시 말해, 해양과학기지는 지금 우리 세대만의 소유물이 아니라 적어도 3세대 넘게 우리 세대의 유산으로 전해질 소중한 자산인 것이다.

19세기부터 해양학적으로 많은 정보를 가지고 있던 미국과 유럽을 우리는 부러움과 존경의 시선으로 바라보았지만, 해양과학기지들이 오랜 기간 동안 그 역할을 충실히 해낸다면 그 부러움과 존경의 대상은 우리가 될 것이다.

우리의 이웃인 중국과 일본은 걱정스럽게도 갈수록 해양 영토에 대한 욕심을 키우고 있다. 독도와 우리의 해양과학기지가 건설되어 있는 이어도는 인접국들과 해양 영토를 얘기할 때 가장 먼저 거론되는 곳이다. 따라서 우리의 해양과학기지는 순수한 과학적 목적을 초월하는 책임과 임무도 포함하고 있다.

10년 전 이어도 기지가 건설될 당시, 만약 지금의 중국이라면 기지의 건설을 그냥 보고만 있었을까를 생각해 본다. 1990년대 말, 이어도 기지를 건설하기로 한 용기 있는 결단은 그야말로 '신의 한 수'였다.

그러나 이어도 기지가 우리 민족, 우리 국가만을 위한 전유물이라는 편협한 사고는 경계해야 할 부분이다. 우리가 살아가야 할 시대에는 세계와 소통하고 지구촌의 일원으로서 국력에 걸맞은 역할이 필요하다. 앞으로 해양과학기지는 전 지구적인 환경 변화 문제를 해결하는 데 기여하고, 과학적 역량에 힘입은 평화로운 공존의 상징으로 길이길이 활용되기를 바란다.

▶▶ 석양에 물든 바다와 이어도 기지

## ■ 이 책에 도움 주신 분들


국립해양조사원

이어도연구회

한국해양과학기술원 : 김선정, 김성, 노재훈, 민인기, 백원대, 안성민, 이윤호, 정종민

김병구(매피스엔지니어링)

양경아(교토대학교)

이재형(부산대학교)